Krishna Kant Sahu
Biswajit Sardar
Shobhit Saxena

Uma história de sucesso da Primeira Liga Indiana

Krishna Kant Sahu
Biswajit Sardar
Shobhit Saxena

Uma história de sucesso da Primeira Liga Indiana

ScienciaScripts

Imprint

Any brand names and product names mentioned in this book are subject to trademark, brand or patent protection and are trademarks or registered trademarks of their respective holders. The use of brand names, product names, common names, trade names, product descriptions etc. even without a particular marking in this work is in no way to be construed to mean that such names may be regarded as unrestricted in respect of trademark and brand protection legislation and could thus be used by anyone.

Cover image: www.ingimage.com

This book is a translation from the original published under ISBN 978-3-659-78405-7.

Publisher:
Sciencia Scripts
is a trademark of
Dodo Books Indian Ocean Ltd. and OmniScriptum S.R.L publishing group

120 High Road, East Finchley, London, N2 9ED, United Kingdom
Str. Armeneasca 28/1, office 1, Chisinau MD-2012, Republic of Moldova, Europe
Printed at: see last page
ISBN: 978-620-8-17419-4

Dedicação
Para a minha avó

AGRADECIMENTOS

Esta tese é o fim do meu percurso na obtenção do grau de Mestre. Esta tese foi mantida no bom caminho e foi levada até ao fim com o apoio e o encorajamento de numerosas pessoas, incluindo os meus respeitados professores, os meus amigos e colegas. No final da minha tese, gostaria de agradecer a todas as pessoas que tornaram esta tese possível e uma experiência inesquecível para mim. No final da minha tese, é uma tarefa agradável expressar os meus agradecimentos a todos aqueles que contribuíram de muitas formas para o sucesso deste estudo e fizeram dele uma experiência inesquecível para mim.

Kalpana Sharma, Diretora da Amity School of Physical Education & Sports Sciences (ASPESS), por ter disponibilizado as infra-estruturas e os recursos necessários para a realização do meu trabalho de investigação. Dr. A. K. Uppal, pelos seus valiosos conselhos e pelas suas discussões alargadas sobre o meu trabalho

Estou também extremamente grato ao meu orientador, Dr. Krishna Kant Sahu. Estou-lhe muito grato por me ter escolhido como bolseiro de investigação. Este trabalho não teria sido possível sem a sua orientação, o seu apoio e o seu encorajamento. Sob a sua orientação, ultrapassei com êxito muitas dificuldades e aprendi muito.

Ele costumava rever o progresso da minha tese, dar as suas valiosas sugestões e fazer correcções. A sua coragem e convicção inabaláveis inspirar-me-ão sempre, e espero continuar a trabalhar com os seus nobres pensamentos. Só posso agradecer-lhe devidamente através do meu trabalho futuro. É a ele que dedico este trabalho.

Gostaria também de aproveitar esta oportunidade para agradecer sinceramente ao Sr. Pankaj Pandey por me ter fornecido informações essenciais para realizar o meu trabalho confortavelmente.

Devo agradecer ao Prof. Noor Mohammad e a outros peritos que, de boa vontade, dedicaram tanto tempo a dar-me entrevistas e a fornecer-me informações valiosas.

Agradeço também aos meus respeitados professores pelo seu apoio durante o meu trabalho de tese. Gostaria também de agradecer calorosamente aos funcionários da biblioteca por me terem fornecido material publicado relativo ao meu trabalho de tese.

Tenho a sorte de reconhecer com gratidão o apoio de algumas pessoas especiais. O meu apreço especial vai para os meus melhores amigos, Vibhu, Manu e Sandhya, pelo seu amor, carinho e apoio moral.

Estou grato a todos os meus colegas estudantes por me terem proporcionado um ambiente estimulante e divertido. Os meus agradecimentos especiais vão, em particular, para a Sra. Renu Verma, com quem iniciei este trabalho e com quem tive muitas discussões sobre o meu projeto, que me ajudaram muito, e também pela sua amizade e encorajamento. Estou sempre em dívida para com Vaishali Tyagi, Rakshit Puri e Ashfaque Ullah Khan pelo seu apoio técnico. Admiro todos os meus colegas estudantes que se distinguiram pela sua natureza prestável e pelo seu apoio e motivação constantes

Uma viagem é mais fácil se viajarmos juntos. A interdependência é certamente mais valiosa do que a independência. Esta tese é o resultado dos meus irmãos, irmãs e cunhados que estiveram sempre presentes quando eu realmente precisei.

Dirijo um agradecimento especial à minha família. Durante os inevitáveis altos e baixos da realização do meu trabalho de investigação, eles recordaram-me muitas vezes as verdadeiras prioridades da vida, através do que poderia ser a influência de um Deus amoroso. Isso ajudou-me muito a trabalhar incansavelmente durante horas a fio. Devo-lhes tudo. Duvido que alguma vez seja capaz de transmitir plenamente o meu apreço, mas devo-lhe a minha eterna gratidão. Além disso, várias pessoas ajudaram-me, consciente e inconscientemente, a concluir com êxito este projeto.

ÍNDICE DE CONTEÚDOS:

CAPÍTULO 1
INTRODUÇÃO

No estilo de vida ocupado e agitado de hoje em dia, o desporto tornou-se uma parte importante da vida das pessoas porque proporciona entretenimento e emoção. Existem numerosos desportos que são populares em diferentes partes do mundo. Nos Estados Unidos, o maior mercado desportivo do mundo, o futebol americano é o desporto mais popular, na Europa e no Reino Unido é o futebol, no subcontinente indiano e na Austrália é o críquete que atrai as maiores multidões. Atualmente, é o segundo desporto mais popular do mundo, a seguir ao futebol.

"Cricketology", "Criketism", "Cricketainment" são as poucas palavras que podem descrever bem a loucura dos indianos pelo jogo chamado cricket. A Índia tem visto mais estradas vazias num dia de final de um jogo de críquete do que num dia de recolher obrigatório. O jogo impregnou-se tão profundamente nos indianos que até o reflexo de uma criança em crescimento mudou de "pontapear a bola" para "lançar a bola de críquete". "Cricket is religion, Sachin is god" (O críquete é religião, Sachin é Deus) tem sido o cartaz mais comum afixado nas bancadas durante todo o ano em ow. No subcontinente indiano, o críquete é mais do que um jogo; é uma religião para os adeptos na Índia, no Paquistão, no Sri Lanka e no Bangladesh.

Historicamente, o críquete era organizado a dois níveis. Por um lado, as competições internacionais disputadas entre equipas que representam países. Por outro lado, as competições intra-países. O principal organismo que rege o críquete é o Conselho Internacional de Críquete (ICC), que estabelece o calendário internacional de críquete. O ICC tem três níveis de membros: membros de pleno direito, membros associados e membros afiliados. Os membros de pleno direito ou os principais países do jogo são a Austrália, o Bangladesh, a Inglaterra, a Índia, a Nova Zelândia, o Paquistão, a África do Sul, o Sri Lanka, as Índias Ocidentais e o Zimbabué. Para além disso, existem 36 membros associados e 60 membros afiliados, num total de 106 membros. O formato do críquete internacional tem evoluído consideravelmente ao longo do tempo.

O críquete teve origem em Inglaterra durante o século XVI e, desde então, espalhou a sua popularidade por todo o mundo. O críquete é praticado principalmente pelas nações da Commonwealth britânica, incluindo o Reino Unido, a Austrália, a Nova Zelândia, a África do Sul e as Índias Ocidentais. Ao contrário de outros desportos, o críquete não tem regras que os jogadores devem seguir, mas sim leis. Estas leis foram formuladas há mais de 250 anos pelo Marylebone Cricket Club (MCC) e, desde então, o MCC tem sido a única autoridade que supervisiona as leis (Marylebone Cricket Club, 2008). O MCC preocupa-se apenas com as leis do críquete; o Conselho Internacional de Críquete (ICC) é o organismo internacional que rege o críquete e é responsável pela organização de todos os torneios internacionais de críquete, incluindo o Campeonato do Mundo de Críquete.

Atualmente, há três formas principais de críquete internacional a serem jogadas em todo o mundo, aprovadas pela ICC, que incluem o críquete de teste, o críquete de um dia e o críquete de vinte dias.

O críquete surge com a evolução do críquete de teste. Nos seus primórdios, as competições internacionais assumiam exclusivamente a forma de séries bilaterais de jogos de teste entre países. Após a Segunda Guerra Mundial, os jogos de teste foram limitados a cinco dias de duração, um formato que se mantém até hoje.

O críquete de teste é jogado durante cinco dias e é considerado a forma tradicional do jogo. O críquete de teste é a forma mais longa do desporto de críquete. Os jogos de teste são disputados entre equipas nacionais representativas com "estatuto de teste", conforme determinado pelo Conselho Internacional de Críquete (ICC), com quatro entradas disputadas entre duas equipas de 11 jogadores durante um período máximo de cinco dias. É geralmente considerado o derradeiro teste à capacidade de jogo e à resistência neste desporto. A origem do nome "teste" deriva do facto de o jogo longo e cansativo ser um "teste" à força relativa das duas equipas. O críquete de teste é jogado durante cinco dias, com três sessões de duas horas intercaladas com uma pausa de 40 minutos para o almoço e uma pausa de 20 minutos para o chá da tarde, por dia. O críquete de teste continua a ser muito popular entre os tradicionalistas e os adeptos de críquete.

Na década de 1970, surgiu uma versão mais curta do jogo como segundo formato internacional, que pode ser completado num dia e é, por isso, designado por críquete de um dia. Inicialmente, o formato de críquete de um dia foi criticado pela maior parte do mundo do críquete, mas como este formato era rápido, excitante e tinha um resultado garantido, ao contrário do críquete de teste (em que um jogo pode terminar com um empate ao fim de cinco dias), as multidões sentiram-se atraídas por ele. Este formato foi ainda mais popularizado por Kerry Packer, um magnata australiano dos meios de comunicação social e proprietário da rede de televisão "Nine" na Austrália. Desde a aceitação do formato de críquete de um dia, a ICC organizou um Campeonato do Mundo de Críquete, que é disputado de quatro em quatro anos. Antes do críquete de um dia, a ICC não podia organizar um Campeonato do Mundo de Críquete com base no críquete de teste, uma vez que eram necessários cinco dias para terminar um jogo e o resultado nem sempre era certo. O primeiro ODI foi disputado a 5 de janeiro de 1971 entre a Austrália e a Inglaterra no Melbourne Cricket Ground. Quando os primeiros três dias do terceiro teste foram inundados, os responsáveis decidiram abandonar o jogo e, em vez disso, jogar um jogo único de um dia com 40 saldos de oito bolas por lado. A Austrália ganhou o jogo por 5 postigos. Este jogo introduziu muitas das caraterísticas do críquete de um dia internacional que são agora comuns, incluindo uniformes de cor, jogos disputados à noite sob holofotes com uma bola branca e ecrãs escuros e, para as transmissões televisivas, vários ângulos de câmara, microfones de efeito para captar os sons dos jogadores em campo e gráficos no ecrã.

Na década de 2000, foi introduzido um terceiro formato, ainda mais curto, designado críquete Twenty20 e abreviado T20. Diz-se que o críquete Twenty20 resultou numa forma de críquete mais atlética e "explosiva". O Twenty20, frequentemente abreviado para T20, é uma forma de críquete originalmente introduzida em Inglaterra e no País de Gales para competições inter-condados profissionais pelo England and Wales Cricket Board (ECB), em 2003. Um jogo Twenty20 envolve duas equipas; cada uma tem um único turno, batendo durante um máximo de 20 overs. Um jogo Twenty20 é concluído em cerca de três horas e meia, com cada turno a durar cerca de 100 minutos (com um intervalo de 10-20 minutos), aproximando assim o jogo dos tempos de outros desportos colectivos populares. Foi introduzido para criar uma forma animada do jogo que fosse atractiva para os espectadores no campo e para os telespectadores na televisão e, como tal, tem tido muito sucesso.

A mais recente forma de críquete, o formato Twenty20, tem vindo a fazer história na arena do desporto. Depois de este novo formato de críquete ter sido introduzido, as pessoas ganharam mais interesse e, por isso, o gráfico de popularidade só está a subir.

O enorme sucesso do Campeonato do Mundo T20, em especial no mercado dominante da Índia, levou ao lançamento da primeira liga profissional do críquete contemporâneo, a Indian Premier League.

Em 2008, o vice-presidente do Conselho de Controlo do Críquete na Índia (BCCI), Lalit Modi, associou-se a Andrew Widblood, executivo do International Management Group (IMG), para dar início à India Premier League em 14 de setembro de 2007. A IPL é considerada uma das melhores competições Twenty20 no mundo do críquete, com base nas linhas da English Premier League (EPL) e da National Basketball League (NBA). Trata-se de um produto muito valioso, que elevou o críquete indiano a um nível muito alto, com milhares de milhões de dólares transaccionados neste evento e muito dinheiro envolvido no IPL, com grandes empresas e celebridades a investirem neste produto. O valor da marca foi estimado em cerca de 3,67 mil milhões de dólares. O objetivo da IPL é criar uma liga de críquete rentável com jogadores e equipas competitivos a nível internacional e proporcionar entretenimento familiar a preços acessíveis. Para atingir este objetivo, os investidores têm o direito de deter acções de uma determinada equipa. Estamos, portanto, a lidar com entidades que podem ser analisadas e estudadas do ponto de vista económico e estamos a utilizar os instrumentos de análise fornecidos por esta disciplina. O conselho diretivo da IPL terá um mandato de cinco anos e irá dirigir, operar e gerir a liga independentemente do BCCI. A equipa vencedora e a segunda classificada da IPL qualificar-se-ão para a Liga dos Campeões. Para começar, os conselhos de críquete da Austrália, África do Sul e Inglaterra organizariam ligas nacionais de vinte e dois anos, para uma Liga dos Campeões com oito equipas.

A Indian Premier League é um acontecimento extraordinário na história do críquete. Tornou-se um "fenómeno comercial". O marketing desportivo atingiu finalmente a maioridade na Índia com o êxito da Primeira Liga Indiana.

O marketing desportivo emergiu como um negócio multimilionário na Índia, com os melhores jogadores a atraírem contratos lucrativos e acordos de patrocínio de uma vasta gama de empresas patrocinadoras. De facto, nos últimos anos, foram criadas na Índia muitas empresas especializadas em marketing desportivo, para dar resposta à procura crescente de celebridades desportivas. O lançamento da Indian Premier League (IPL) pelo Board for Control of Cricket in India (BCCI) contribuiu significativamente para o negócio do marketing desportivo. Cada vez mais, o mundo empresarial olha para além do críquete e procura desportistas de diferentes áreas, incluindo o golfe, o ténis e o atletismo, e até mesmo a fotografia, para obter o apoio de celebridades para os seus produtos.

Sendo uma indústria de nicho, o marketing desportivo abrange uma série de disciplinas. O marketing e a gestão de eventos, o planeamento dos meios de comunicação social, a venda de patrocínios, a gestão de celebridades, o merchandising c a gestão de equipas são apenas algumas das actividades que fazem parte da gestão desportiva. Existem oportunidades em áreas como os estudos de mercado, a prestação de serviços administrativos às federações desportivas, a obtenção de patrocínios para eventos e a gestão dos novos meios de comunicação (Internet), entre outras. Mesmo na Índia, as estrelas do desporto, como o jogador de críquete Sachin Tendulkar e a estrela do ténis Sania Mirza, tiram partido do seu estatuto de celebridade ao apoiarem produtos e serviços, ganhando milhões de dólares por ano. O marketing desportivo está finalmente a atingir a maioridade na Índia, com um grande número de empresas no terreno, que celebram contratos de patrocínio de produtos com celebridades de vários desportos. Apresentam-se sob diferentes formas, que vão desde a gestão desportiva completa e os canais de televisão desportivos até aos ramos de empresas de publicidade e de meios de comunicação social, empresas de gestão de celebridades e clubes de estilo de vida.

Há muitas oportunidades na gestão desportiva. "No entanto, há um certo período de incubação de cerca de dois a quatro anos. Muitos desportos não têm tido qualquer marketing para além do que as federações e associações estão a fazer, que é sobretudo a nível administrativo", acrescenta. O BCCI tem o mérito de ter sido a primeira federação desportiva a passar da administração de um jogo para a sua comercialização e gestão como uma empresa, com o grande sucesso do IPL.

Foi a ICL (Liga Indiana de Críquete) que estabeleceu as bases para o marketing desportivo entre as federações de críquete de uma forma importante. Quando o grupo Zee de Subhash Chandra investiu 4 milhões de dólares na promoção do jogo num país já louco por críquete, parecia que a BCCI tinha finalmente uma concorrência saudável entre mãos. No entanto, os 38 milhões de dólares gastos por este último na promoção da IPL tornaram-na a referência para todas as futuras acções de marketing desportivo no país.

O marketing desportivo pode promover uma variedade de desportos em simultâneo. Apesar do sucesso do IPL, a boa notícia é que a Índia está a abandonar o rótulo de país de um só desporto. O conceito da Índia como nação de um só desporto está a diminuir lentamente, com o golfe, o ténis, o badminton, o hóquei e o futebol a ganharem, até certo ponto, um número respeitável de adeptos e a fazerem com que as empresas de gestão desportiva criem eventos nestas modalidades. "É também imperativo que as federações desportivas, para além do críquete, tenham planos a longo prazo, para que possam ser geridas por empresas desportivas competentes, resultando no desenvolvimento do desporto, em vez de criarem eventos com fins lucrativos pontuais".

O marketing é "um processo social e de gestão através do qual indivíduos e grupos obtêm aquilo de que necessitam e que desejam, criando e trocando produtos e valores com outros". A identificação das necessidades e desejos dos consumidores é um aspeto crítico do papel do profissional de marketing. As estratégias de marketing devem basear-se nas necessidades conhecidas dos consumidores.

No desporto, tem-se partido do princípio de que a forma original do jogo é naturalmente atraente e, por conseguinte, satisfaz as necessidades dos consumidores. Uma análise das organizações desportivas na Austrália mostra que esta é uma visão ultrapassada. Muitos desportos modificaram as regras para tornar os seus jogos mais atraentes e, no caso do críquete, os jogos de um dia tornaram-se uma parte importante da gama de ofertas de produtos. Os jogos internacionais de um dia disputados durante todo o verão australiano satisfizeram mais facilmente a necessidade dos consumidores de entretenimento comprimido e de um resultado rápido. A nível de juniores, muitos desportos foram significativamente modificados para satisfazer o desejo de muitos mais jovens de participarem no jogo.

Inerente a esta mudança está o reconhecimento de que os jovens desejam desenvolver competências de jogo através da participação efectiva, divertir-se e, em geral, estar com os seus amigos no contexto desportivo.

O profissional de marketing desportivo deve identificar quais as necessidades e desejos que estão a ser satisfeitos através do processo de troca. Kotler et al. (2006: 10) identificam o processo de troca "como o ato de obter um objeto desejado de alguém, oferecendo algo em troca". O que é oferecido em troca das quotas ou da taxa de inscrição do consumidor desportivo pode incluir interação social, atividade física, um local de competição, saúde e boa forma física, bem como entretenimento. Identificar as necessidades dos vários segmentos da população é o desafio inerente à fase inicial do processo de marketing. A obtenção desta informação permitirá comunicar os benefícios do produto desportivo de forma a definir o posicionamento do desporto. Por exemplo, os atributos do produto dos jogos de críquete de um dia e dos jogos de teste de cinco dias são diferentes e são susceptíveis de atrair diferentes segmentos do mercado.

Depois de ter estabelecido a gama de atributos do produto em relação às necessidades e desejos, o profissional de marketing desportivo embarca no desafio de influenciar a troca. As organizações desportivas devem desenvolver uma combinação de estratégias de marketing para influenciar os consumidores a comprarem os seus produtos, quer através da assistência quer da participação. Combinadas, as quatro variáveis de produto, preço, promoção e local são conhecidas como os quatro Ps tradicionais do marketing.

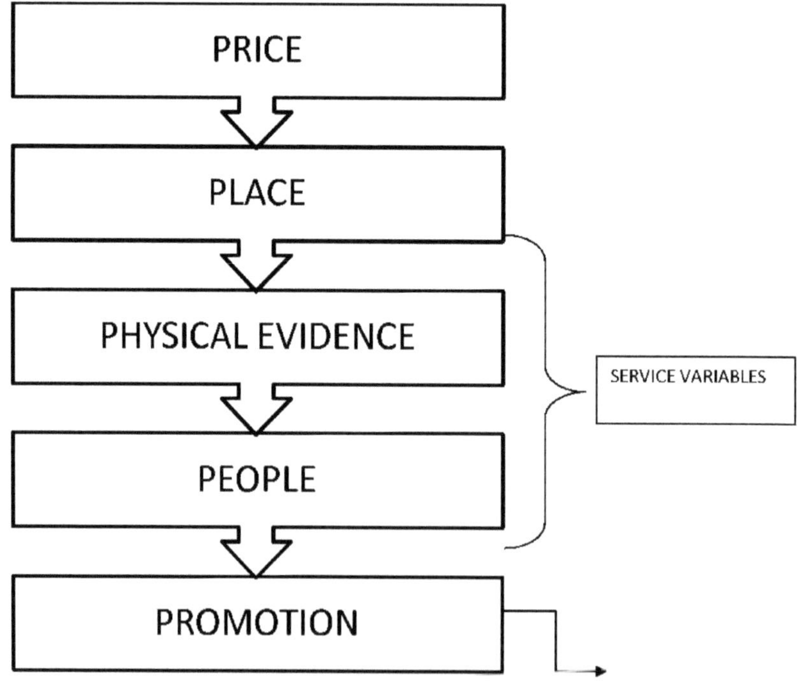

VARIÁVEIS DO MIX PROMOCIONAL

Segue-se uma breve descrição dos 7P:

p Produto - garante que as caraterísticas do produto proporcionam benefícios ao consumidor (inclui a identificação do produto real).

• Preço - garante que o preço do produto é fixado a um nível que reflecte o valor para o consumidor.

• Local - distribui o produto no local certo e no momento certo para facilitar a compra.

• Provas físicas - são os indícios visuais e/ou tangíveis do produto do serviço, tais como a conceção e a construção das instalações e, em geral, o aspeto estético.

• Processo - representa a convergência das funções de marketing e operações e, por conseguinte, afecta a qualidade e a prestação de serviços em tempo real.

• Pessoas - são responsáveis pela realização do evento e constituem um importante fator de qualidade distintivo no processo de consumo.

• Promoção - comunica a capacidade do produto para satisfazer o cliente através de publicidade, venda pessoal, promoções de vendas, patrocínios, relações públicas e licenças promocionais.

No desporto, a combinação e a aplicação destas variáveis do marketing mix mudam devido às caraterísticas únicas do produto desportivo. A mudança mais notável em relação aos 4P tradicionais do marketing não é apenas a sua expansão para 7P, mas também a ordem recomendada para determinar as estratégias de marketing para as organizações desportivas, em especial as que dependem de instalações para acolher a competição desportiva. Este alargamento e esta reordenação têm igualmente em conta as especificidades do desporto.

<u>DECLARAÇÃO DO PROBLEMA</u>

O objetivo do problema era estudar o percurso de sucesso da Indian Premier League.

<u>DELIMITAÇÕES</u>

1. O estudo foi delimitado ao desenvolvimento da Indian Premier League.
2. O estudo foi ainda delimitado à perspetiva da gestão da Indian Premier League.

<u>LIMITAÇÕES</u>

O estudo foi efectuado com base em revistas, jornais, livros, relatórios, periódicos, lembranças, Internet e também no autor da pergunta, pelo que tudo isto constitui uma limitação do estudo.

<u>DEFINIÇÃO E EXPLICAÇÃO DO TERMO</u>
Críquete

O críquete é jogado na relva entre duas equipas de 11 jogadores, sendo o objetivo de uma equipa marcar mais runs do que a outra. No centro do campo de críquete é colocado um postigo retangular especialmente preparado (muito nivelado e com relva cortada à mão) com um conjunto de três cepos (um postigo) em cada extremidade, distanciados exatamente 22 metros. Os capitães de cada equipa lançam uma moeda ao ar para decidir quem vai bater primeiro e quem vai entrar em campo primeiro. Dois batedores da mesma equipa enfrentam à vez seis bolas consecutivas do mesmo lançador, até que um deles seja eliminado. Entretanto, os restantes 10 jogadores da outra equipa posicionam-se taticamente à volta do campo de críquete para tentar impedir que o batedor marque corridas e para tentar apanhá-lo.

Críquete Twenty20

Um jogo Twenty20 é concluído em cerca de três horas e meia, com cada turno a durar cerca de 100 minutos (com um intervalo de 10 a 20 minutos), aproximando assim o jogo dos tempos de outros desportos colectivos populares. O críquete Twenty 20 foi aparentemente criado por uma pessoa chamada Nick Borcich em Inglaterra. O ECS (England and Wales Cricket Board) introduziu um torneio de críquete Twenty 20 (The Twenty 20 cup cricket tournament) entre os vários condados.

A Primeira Liga Indiana

A Indian Premier League (frequentemente abreviada como IPL) é um campeonato profissional de críquete Twenty20 na Índia. Foi iniciada pelo Conselho de Controlo do Críquete na Índia (BCCI), com sede em Mumbai.

Marketing

O marketing é "a atividade, o conjunto de instituições e os processos de criação, comunicação, entrega e troca de ofertas que têm valor para os clientes, os consumidores, os parceiros e a sociedade em geral". O marketing é uma arte e uma ciência. Um bom marketing não é um acidente, mas o resultado de um planeamento e execução cuidadosos. É o planeamento e a execução da conceção, fixação de preços, promoção e distribuição de ideias, bens e serviços para criar trocas que satisfaçam os objectivos individuais e organizacionais. O marketing consiste em satisfazer as necessidades dos profissionais de marketing e dos clientes de forma rentável. O marketing consiste em conhecer e compreender tão bem o cliente que o produto ou serviço se adapta a ele e se vende por si próprio. Funciona como um roteiro.

Marketing desportivo

O termo "marketing desportivo" foi utilizado pela primeira vez nos Estados Unidos pela Advertising Age em 1978. Desde então, tem sido utilizado para descrever uma série de actividades associadas à promoção do desporto. Existem duas correntes distintas no âmbito do conceito geral de marketing desportivo: o marketing "do desporto" e o marketing "através" do desporto.

<u>SIGNIFICADO DO ESTUDO</u>

É óbvio que o sucesso de uma organização depende totalmente da eficiência da administração de acordo com a lei do código de gestão, ou seja, planeamento, organização, pessoal e direção. O estudo efectuado ajudará assim a destacar algumas das qualidades essenciais de uma gestão bem sucedida. Este estudo será significativo nos seguintes aspectos

1. O estudo ajudar-nos-á a conhecer a história da Indian Premier League.
2. O estudo dará a oportunidade a outras organizações de compreenderem a perspetiva da gestão.
3. O estudo destacará a estratégia de marketing da Indian Premier League.
4. O resumo do estudo seria incluído no patrocínio, marcando as TRP's.

CAPÍTULO 2

ANÁLISE DA LITERATURA RELACIONADA

A investigação tira partido dos conhecimentos acumulados no passado em resultado de esforços humanos consistentes. Nunca pode ser tomada isoladamente do trabalho que já foi feito sobre os problemas direta ou indiretamente relacionados com o estudo proposto pelo investigador. Uma análise cuidadosa da investigação, das revistas, dos livros, das dissertações, das teses e de outras fontes de informação sobre o problema a investigar é uma das etapas importantes do planeamento de qualquer estudo de investigação.

Neste capítulo, é apresentado um resumo dos estudos de caso relatados na literatura profissional que apoiam as necessidades de estudo de caso para uma população-alvo específica. Os estudos relacionados encontrados em várias fontes são enumerados a seguir:

Gupta Amit (2009) analisou a razão pela qual a Índia emergiu como nação preeminente no críquete internacional e como a Indian Premier League (IPL) constitui um passo importante no realinhamento da estrutura de poder no desporto internacional. O artigo argumenta que a Índia foi capaz de aproveitar as lições da globalização (tal como se aplicam ao desporto) e utilizá-las para criar uma nova liga nacional de críquete com carácter internacional. O artigo prossegue argumentando que o sucesso do IPL e de empreendimentos desportivos semelhantes em nações não ocidentais é suscetível de fazer com que estes países desafiem o monopólio desportivo do Ocidente e passem a determinar cada vez mais onde e como o jogo é jogado.

Rasul **Asmat et al. (2011)** questiona as inter-relações entre desporto e cultura popular para facilitar a compreensão das áreas de convergência entre as forças políticas e económicas e as práticas culturais que operam no mercado global. Recorrendo a uma abordagem crítica da economia política, examina o torneio de críquete da Primeira Liga Indiana, de formato inovador e favorável aos meios de comunicação social, e as estrelas de Bollywood que estão envolvidas como proprietários e promotores da Primeira Liga Indiana. A capacidade de gerar lucro do críquete aumentou o interesse do sector empresarial e das indústrias de entretenimento, resultando na especialização, comercialização e corporatização do desporto popular.

Mehta **Nalin (2009)**, descrevendo grande parte da literatura existente sobre o críquete indiano, identifica a dimensão inerentemente política do jogo e atribui a preeminência do críquete no imaginário indiano a um conjunto de processos complexos e contraditórios, paralelos à emergência de uma nação "indiana". No entanto, até ao início dos anos 80, embora o críquete fosse popular, o hóquei era o "jogo nacional" e o futebol era igualmente popular em grande parte do país. A partir da década de 1980, o críquete assumiu o papel central, não necessariamente devido, como muitos escreveram, a uma peculiar afiliação indiana ao jogo, mas indissociavelmente ligado à expansão da televisão indiana e a uma confluência de outros factores: a criação de uma grande classe média, as reformas económicas, a política de identidade, o nascimento da indústria da televisão por satélite e as tendências mais amplas da globalização. Este ensaio traça o mapa do crescimento da televisão indiana para estabelecer estas ligações e demonstrar o papel central da televisão em tornar o críquete parte integrante das noções modernas de identidade indiana.

Mehta Nalin et al. (2009) explicaram que a linhagem imperial do críquete continua a definir o seu significado em partes do antigo Império Britânico. Simultaneamente, o jogo é agora uma metáfora das forças da globalização e um veículo de afirmação de novas identidades pós-coloniais. A criação da lucrativa Primeira Liga Indiana e a ascensão da Índia como epicentro financeiro do jogo reflectem a sua ascensão como motor emergente da nova estrutura financeira global e como um importante mercado para a economia de consumo. A ascensão da Índia como uma nova "capital do críquete" está intrinsecamente ligada às forças do capitalismo global, o que alterou significativamente a própria estrutura de poder do jogo. Este ensaio analisa o discurso em torno da Indian Premier League, os debates em torno do novo "bloco asiático" do críquete e a polémica sobre racismo entre as equipas de críquete indiana e australiana em janeiro de 2008, para delinear a mudança na dinâmica do poder internacional do críquete e as suas implicações para os debates sobre o pós-colonialismo e a globalização.

Gupta Amit (2011) analisou o sucesso da Indian Premier League (IPL), que não tem apenas a ver com o controlo indiano do críquete internacional, mas também com a ascensão da Índia. Tem a ver com o afastamento de uma economia de comando restritiva para uma economia de mercado livre, com todos os perigos inerentes ao rápido sucesso, às elevadas recompensas e ao crescente potencial de corrupção. Trata-se também de uma Índia que se vê cada vez mais a desempenhar um papel mais importante nos assuntos internacionais e, no curso natural dos acontecimentos, a tornar-se uma grande potência. O que este documento faz é discutir a razão do sucesso do modelo IPL e a forma como este se baseia na abordagem geral indiana ao controlo do críquete. Além disso, quais são as potenciais oportunidades e armadilhas para o crescimento futuro do jogo e para o controlo indiano do mesmo? Conclui-se discutindo a forma como o IPL se enquadra na ascensão de uma Índia moderna do século XXI.

Gupta Amit (2004) explicou o artigo argumentando que o críquete internacional não seguiu o caminho de outros eventos desportivos transnacionais que, tipicamente, são dominados por países desenvolvidos. Trata-se de um jogo que os países não ocidentais começaram a dominar não só no campo mas, mais importante ainda, na definição da economia e da política do jogo. O artigo sugere que esta mudança, que é atípica no desporto internacional, se deve a processos que se inserem sobretudo no fenómeno da globalização. Estes são o surgimento de uma comunidade transnacional que pode apoiar a sua equipa para além das fronteiras, a difusão da tecnologia que proporciona uma cobertura do desporto em tempo real e o declínio do desporto no seu país de acolhimento, permitindo assim a emergência de centros de poder alternativos, especialmente na tomada de decisões.

Mitra Shakya (2010) descreveu que, nos três anos que decorreram desde a sua criação, a Indian Premier League (IPL), um torneio de críquete Twenty20 sediado na Índia, se tornou uma das principais propriedades do desporto mundial. Em 2010, a IPL foi avaliada em 4,13 mil milhões de dólares e é a segunda liga mais bem paga do mundo. Este artigo procura identificar os factores que podem ser responsáveis pelo crescimento fenomenal da marca IPL. Embora a IPL, no seu curto período de vida, tenha revelado um enorme crescimento, o curto período de vida deve ser tido em conta aquando da avaliação do seu "êxito". Assim, quaisquer conclusões retiradas sobre o êxito relativo do IPL serão tiradas a título provisório e não definitivo. O críquete é imensamente popular na Índia, ao ponto de os outros desportos só serem frequentemente mencionados de passagem no país. No entanto, a popularidade do críquete, por si só, não poderia ter feito o IPL funcionar. O êxito de qualquer liga, e não apenas do IPL, depende da existência de uma base sólida. O artigo tenta, pois, identificar em que medida o IPL assenta em bases tão sólidas.

Blakey Paul et al. (2011) sugeriram que o patrocínio desportivo oferece uma oportunidade às marcas de obterem uma vantagem sobre os seus concorrentes, diferenciando-se e ocupando um lugar distinto na mente do consumidor. Os desenvolvimentos tecnológicos estão a fazer com que o patrocínio desportivo se torne uma ferramenta de posicionamento ideal e um veículo privilegiado para os profissionais de marketing transmitirem mensagens de marca, melhorarem as experiências de marca e estabelecerem relações com uma gama diversificada de públicos à escala global. Este estudo comparativo internacional analisou as práticas de gestão do patrocínio aplicadas ao novo e inovador conceito de críquete Twenty20 no Reino Unido e na Índia e destacou as capacidades do patrocínio como um aspeto da secção promocional do marketing mix. O estudo conclui com a discussão do quadro de gestão do patrocínio, juntamente com a dinâmica em mudança da indústria global do patrocínio e os factores que estão a impulsionar o desenvolvimento da prática de gestão do patrocínio desportivo através dos meios mais eficazes de obter maiores retornos sobre os investimentos para as organizações patrocinadoras.

Sivaraman Vasant et al. (2012) debruçam-se sobre o críquete na Índia após o Campeonato do Mundo de 2007 e até às primeiras edições do torneio IPLT20 (Indian Premier League- Twenty-20 Cricket). Após a expulsão da Índia da fase eliminatória do Campeonato do Mundo de 2007 (One Day Cricket), o Conselho de Controlo do Críquete na Índia (BCCI) e os patrocinadores da equipa viram-se numa encruzilhada. Outros desportos e propriedades estavam a competir com o críquete pelos orçamentos publicitários das empresas e, neste contexto, nasceu o IPLT20. Enquanto o IPL despertava a imaginação dos telespectadores, o Grupo Sahara viu-se confrontado com a oportunidade de concorrer a um novo franchise que poderia ser uma das duas equipas adicionais a integrar o IPL de oito equipas. O Grupo Sahara estava apreensivo quanto à continuação do seu patrocínio à equipa de testes da Índia no passado e tinha perdido a oportunidade de possuir um franchise IPL no lançamento da Indian Premier League dois anos antes.
O caso permite uma análise do ambiente para o críquete na Índia em 2007, da evolução do IPLT20 e uma avaliação de uma oferta do Grupo Sahara para entrar no IPL. Quando usado em conjunto com o caso complementar, "Cricket in India in 2007: Losing its Way?", este caso baseia-se na plataforma estabelecida pelo caso complementar para explorar a ideia de uma abordagem "estruturalista" versus uma abordagem "reconstrucionista" da estratégia. Quando utilizados em sessões consecutivas, os dois casos ajudam a servir como um ponto de partida para a estratégia competitiva, para contrastar oceanos vermelhos e oceanos azuis e, assim, servir como uma apreciação da Estratégia do Oceano Azul.

Shams Riad M S (2012) tentou analisar os factores críticos que seriam cruciais para replicar as estratégias de gestão empresarial de um mercado estabelecido para um mercado emergente. É efectuado um estudo de caso sobre o mercado da Primeira Liga Indiana e o mercado do Bangladesh, sendo estes mercados considerados como mercados estabelecidos e emergentes do negócio do críquete Twenty20 consecutivamente. O estudo identificou sete factores críticos que são cruciais no caso da replicação de estratégias de gestão empresarial de um mercado estabelecido para um mercado emergente. No entanto, a aplicação dos factores críticos deve seguir apenas a situação em causa, subjacente ao ambiente do mercado emergente. As conclusões do estudo devem lançar luz sobre a perceção da gestão na perspetiva das estratégias empresariais dos mercados emergentes, enquanto as estratégias são aprendidas noutro mercado.

Devan Pamela (2012) explicou a dispersão generalizada dos indianos por todo o mundo, mas há uma coisa que garante a continuação da identidade étnica indiana - o jogo de críquete. Este artigo analisa o papel importante que o críquete desempenha na criação de uma identidade indiana, tanto na Índia como nas comunidades indianas no estrangeiro. Traço brevemente a história do críquete na Índia, uma vez que durante o domínio colonial britânico o jogo foi adotado e depois transformado de um jogo dos governantes num desporto "verdadeiramente indiano" descolonizado. A capacidade que o desporto tem de criar sentimentos de uma comunidade imaginada tem sido muito notada ao longo dos anos - a capacidade de desfrutar do desporto não discrimina na Índia, e o indivíduo consome desporto não como um indivíduo, mas como parte de uma sociedade mais vasta. Defendo que o críquete ocupa uma posição única, conseguindo, em particular, assegurar a continuação e a unidade da identidade indiana, para além de ser um instrumento ideal para a construção da nação. Por fim, demonstro como o críquete ajuda a criar e a manter comunidades indianas no estrangeiro, onde o críquete continua a ser um dos poucos laços diretos com a Índia.

Giulianottin Richard (2011) explorou as inter-relações entre as políticas de segurança e os processos de comodificação no que diz respeito aos megaeventos desportivos contemporâneos (PME). Em primeiro lugar, argumenta-se que é necessário ir além do entendimento convencional das PME, como ocasiões específicas fixadas no tempo e no espaço. Em vez disso, devemos examinar formas mais difusas de PME, como ilustrado pelas principais ligas desportivas, como a Primeira Liga Inglesa (EPL). Em segundo lugar, o documento discute as culturas populares que há muito são intrínsecas aos espaços desportivos urbanos e que foram marginalizadas por estratégias de securitização e comodificação desde o final da década de 1980. Em terceiro e quarto lugar, são examinadas as principais forças jurídico-políticas e político-económicas que prevalecem na EPL e no futebol britânico em geral, nomeadamente no que diz respeito à legislação restritiva e às tecnologias de segurança avançadas, juntamente com políticas de governamentalização neoliberal e revanchismo urbano. Em quinto lugar, o documento explora as expressões e irrupções de mal-estar público, transgressão e conflito no contexto do futebol britânico relativamente a estas forças.

Rowe David (2009) descreveu que as instituições dos meios de comunicação social e do desporto convergiram cada vez mais ao longo do último século, formando um complexo cultural desportivo-mediático de proporções globais. Este desenvolvimento tem suscitado preocupações sobre se o desporto se tornou "mediatizado" e, inversamente, se os media estão cada vez mais "desportivizados". O complexo cultural desportivo-mediático gera uma vasta gama de representações do desporto e das sociedades de que faz parte. Por conseguinte, é importante analisar as formas como os textos desportivos dos meios de comunicação social reproduzem ou desafiam as ideologias dominantes do poder sociocultural em áreas-chave como o género, a 'raça', a etnia e a sexualidade. Os textos desportivos dos media são especialmente instrumentais na representação das identidades nacionais e das relações internacionais numa era de globalização intensificada. Ao cobrirem eventos de importância cultural nacional, estão também implicados em questões relacionadas com a "cidadania cultural" e nas tentativas das comunidades de adeptos do desporto de exercerem um maior controlo sobre um ambiente desportivo mediático fluido, dinâmico e altamente contestado.

Enderwick Peter et al. (2010) descreveram que, embora a globalização do desporto tenha sido uma tendência notável nos últimos anos, o críquete parece ter sido uma espécie de exceção; no entanto, o desenvolvimento da Indian Premier League (IPL) trouxe mudanças significativas ao modelo tradicional do críquete. Jogos mais curtos, salários baseados em leilões, franchises de cidades e receitas provenientes principalmente da radiodifusão são algumas das inovações adoptadas pela IPL. Este artigo analisa a natureza inovadora do modelo IPL em termos de negócios e desporto, as preocupações e controvérsias que criou e o seu impacto no patrocínio do críquete. Em termos gerais, os autores concluem que o IPL é um desenvolvimento "disruptivo" para o críquete mundial e que alterou a natureza do desporto de forma significativa. Embora o IPL tenha aumentado a atração do jogo em mercados estabelecidos, ainda não é claro se pode alcançar uma verdadeira globalização do desporto.

Petersen C et al. (2008) descreveram que a estratégia e as tácticas da equipa no críquete podem ser influenciadas pelo conhecimento da importância relativa dos indicadores de desempenho da equipa. Analisámos os desempenhos das equipas, dos batedores e dos lançadores no Torneio Twenty/20 da Indian Premier League (IPL) de 2008, comparando as magnitudes das diferenças nos principais indicadores dos batedores e dos lançadores entre as equipas vencedoras e as perdedoras. A magnitude da diferença entre as equipas foi estabelecida com um tamanho de efeito normalizado (Cohen) (ES:0,2) com limites de confiança de 90%. Verificaram-se várias diferenças moderadas ou grandes nos indicadores de desempenho entre as equipas vencedoras e perdedoras na IPL. Os três melhores indicadores de sucesso no IPL foram a obtenção de mais postigos no jogo (ES=1,93±0,04 90%CL), a obtenção de mais postigos nos últimos 6 overs (ES=1,01±0,03) e uma maior taxa de corridas (ES=0,96±0,02). As equipas vencedoras capturaram mais postigos particularmente nos primeiros e últimos seis saldos, e foram mais eficazes em conter a pontuação de corridas das equipas adversárias nos oito saldos do meio. Ao bater, as equipas vencedoras tenderam a enfrentar menos bolas dot e marcar mais corridas de parcerias de 25+ corridas. As tácticas das equipas devem focar-se em lançamentos e colocações de campo que façam wickets nos primeiros e últimos seis saldos, e colocações de campo e lançamentos restritivos de corridas nos oito saldos intermédios.

Liam J. A. Lenten et al. (2008) estudaram uma série de modelos transversais estimados com vista a determinar os factores que determinam a valorização dos **atletas profissionais num desporto altamente especializado, com uma aplicação à** Indian Premier

League (IPL) **do críquete**. Distinguimos entre factores de caraterísticas pessoais e de capacidade de jogo e, no que respeita aos primeiros, entre a capacidade em diferentes modalidades do desporto. Encontramos uma série de variáveis interpretáveis que têm poder explicativo sobre os valores do leilão, enquanto a decomposição de acordo com as especializações de batedor e lançador produz resultados muito diferentes, dependendo da utilização de variáveis de teste ou de um dia internacional (ODI). Há também possíveis indícios de licitações ineficientes, na medida em que as licitações excessivas estão de certa forma correlacionadas com jogadores com valores realizados mais elevados.

Vanessa Ratten (2010) sugeriu que as disciplinas do empreendedorismo e da gestão do desporto cresceram significativamente na última década. O desporto é um processo empreendedor, uma vez que a inovação e a mudança são elementos-chave do desporto. O objetivo do presente documento é desenvolver uma teoria do empreendedorismo na gestão do desporto, investigando a relação entre o empreendedorismo e o desporto. A disciplina do marketing desportivo, em rápido crescimento e desenvolvimento, fornece uma base para compreender como o espírito empresarial ocorre através da inovação, da proactividade e das actividades de assunção de riscos. Este documento discute a ligação entre os domínios do empreendedorismo e da gestão do desporto e defende a necessidade de uma maior integração entre os dois domínios de estudo e a teoria tradicional do empreendedorismo. É desenvolvida uma teoria do empreendedorismo desportivo e são analisados os diferentes tipos de empreendedorismo que ocorrem na gestão do desporto. São discutidas sugestões para investigação futura e implicações para os profissionais.

Buhler, Andre (2006) realizou um projeto de investigação que analisa o patrocínio no futebol profissional de três perspectivas diferentes: a perspetiva dos clubes (o patrocínio como fonte de rendimento para os clubes de futebol profissional), a perspetiva dos patrocinadores (o patrocínio como instrumento de marketing para as empresas) e uma perspetiva conjunta (o patrocínio como relação inter-organizacional entre os clubes de futebol profissional e os seus patrocinadores). A Premier League inglesa e a Bundesliga alemã são objeto de investigação devido à sua reputação extraordinariamente sólida em termos comerciais. Foi utilizada uma combinação de métodos de investigação qualitativos e quantitativos para responder às questões de investigação que derivaram de uma extensa revisão da literatura. Em primeiro lugar, foram realizadas entrevistas qualitativas aprofundadas com representantes dos clubes da Primeira Liga inglesa e da Bundesliga alemã e dos seus patrocinadores, bem como com peritos em patrocínios, a fim de obter uma compreensão mais ampla do fenómeno em análise. Consequentemente, foram formuladas até propostas de investigação principais e seis hipóteses relacionadas com a dimensão do negócio do futebol, a importância do patrocínio como fonte de rendimento, as motivações e os objectivos dos patrocinadores e a importância e as dimensões da qualidade da relação. Em seguida, foram efectuadas duas análises de conteúdo (incluindo uma análise de mais de 500 sítios Web de clubes e patrocinadores e de 106 jogos de futebol televisionados), a fim de identificar o maior número possível de patrocinadores de futebol de clubes da Primeira Liga inglesa e da Bundesliga alemã. As propostas de investigação foram depois testadas num inquérito quantitativo que incluiu todos os clubes da Primeira Liga inglesa e da Bundesliga alemã, bem como 460 patrocinadores.

Nesta fase, foram aplicados testes paramétricos e não paramétricos. Os resultados da investigação confirmaram parcialmente estudos anteriores. Mais importante ainda, foram descobertas novas perspectivas. Por exemplo, foram identificadas novas dimensões da qualidade das relações no contexto do patrocínio do futebol profissional. Por conseguinte, este estudo tem implicações teóricas e práticas para os clubes de futebol profissional, as empresas patrocinadoras e os futuros investigadores no domínio do patrocínio do futebol (profissional). O estudo também contribui significativamente para o conhecimento existente sobre o negócio do futebol, o patrocínio e o marketing relacional.

Jayanta Barma et. al (2010) examinaram o críquete, enquanto negócio, que surgiu no final da década de 1970 com o início da World Series Cricket de Kerry Packer, que recriou o jogo de críquete com roupas coloridas, horários de jogos noturnos e pacotes salariais atractivos para os jogadores. No entanto, a série depressa se desvaneceu, com o Conselho Internacional de Críquete (ICC) a continuar a dominar o mundo do críquete. Três décadas mais tarde, a Indian Cricket League (ICL) tentou trazer a mesma magia de Kerry Packer através do formato de críquete T20. No entanto, o Conselho de Controlo do Críquete na Índia (BCCI) retaliou com a sua própria série, a Indian Premier League (IPL). Em comparação com a ICL, a IPL foi um êxito imediato, uma vez que beneficiava do apoio da ICC e, por conseguinte, podia atrair os melhores jogadores e patrocinadores a nível mundial. A enorme quantidade de dinheiro e de publicidade que reuniu revolucionou o mundo do críquete. No entanto, resta saber se a novidade do entretenimento desportivo de ritmo acelerado veio para ficar ou se vai desaparecer, decidindo assim o destino dos franchisados que perderam milhões de dólares

CAPÍTULO 3

PROCEDIMENTO

Este capítulo inclui os métodos adoptados para a seleção dos temas, a recolha de informações relevantes sobre o percurso de sucesso da Indian Premier League.

SELECÇÃO DE TEMAS

Para este estudo, foram selecionados como sujeitos os jogadores, os administradores da Indian Premier League, outras pessoas ligadas ao críquete, os patrocinadores, os meios de comunicação social, etc.

RECOLHA DE DADOS

A recolha de dados foi efectuada através da revisão e análise na biblioteca sob a forma de revistas, jornais, livros, relatórios, jornais, lembranças, etc. Os dados também foram recolhidos através da Internet. Os peritos em críquete foram selecionados como tema para as fontes primárias.

Método utilizado para a recolha de dados (fonte primária)

Técnica de entrevista

A entrevista ou visita é o melhor método de obtenção de informações do inquérito do que a utilização de um questionário enviado por correio. O investigador recolhe os dados diretamente dos indivíduos em contactos diretos. A entrevista foi associada a um questionário oral para ter a vantagem óbvia de assegurar uma maior resposta. As caraterísticas da entrevista são as seguintes

i.   A entrevista obtém informações confidenciais.

ii.   Os contactos pessoais têm a vantagem de extrair as informações através de perguntas de acompanhamento no local.

iii.   O inquérito por entrevista dá ao entrevistador a oportunidade de fornecer informações.

O académico preferiu a técnica de entrevista para recolher as informações necessárias sobre a **Indian Premier League, as receitas e despesas da IPL e os** pontos de classificação televisiva (TRP) **da IPL**.

Horário da entrevista

O objetivo do estudo foi claramente explicado ao inquirido, com os pormenores da informação que lhe era necessária. O investigador tinha uma noção clara das informações necessárias para o estudo. O investigador definiu claramente a melhor sequência de perguntas e comentários estimulantes para obter as respostas desejadas. Um calendário escrito preparado para o estudo proporcionou um plano definido para a entrevista, excluindo a possibilidade de não se obterem dados importantes e necessários. Antes da entrevista agendada, o investigador escreveu e visitou os inquiridos em várias ocasiões para dar informalidade à entrevista e desenvolver uma relação com os inquiridos. O inquirido foi informado antecipadamente sobre a duração prevista da entrevista. O interrogatório foi efectuado de forma a não introduzir qualquer aspeto de parcialidade. A redação real das respostas foi mantida.

Preparação antes da entrevista

O investigador falou com vários peritos associados à Indian Premier League (IPL) e ao Board of Control for Cricket in India (BCCI) para informar da sua intenção de realizar um estudo de caso sobre a Indian Premier League.

O investigador realizou a entrevista agendada com os peritos, com o consentimento do inquirido. Foi decidido que a conversa da entrevista não seria registada de forma alguma. A presença de um gravador não é suscetível de afetar a liberdade do entrevistador ou do entrevistado. O programa da entrevista previa a recolha de informações nos seguintes domínios

    i.   Conceptualização da Indian Premier League.

    ii.   O processo de licitação da Indian Premier League.

    iii.   Leilões para jogadores individuais.

    iv.   Economia da Indian Premier League.

    v.   Fluxos de receitas e de custos da franquia.

    vi.   Receitas dos jogadores.

    vii.   Patrocínios.

    viii. Direitos de transmissão.

    ix.   Direitos de transmissão.

    x.   Receitas de publicidade.

    xi.   Pontos de Classificação Televisiva (TRP's)

Fiabilidade da entrevista

O objetivo do estudo foi explicado aos peritos que concordaram em fornecer informações exactas e fiáveis, uma vez que se tratava de um novo trabalho de investigação. Os peritos aceitaram voluntariamente dar informações, ou seja, altamente verdadeiras e da melhor forma possível. A seguinte declaração dos peritos no início da conversa seria esclarecedora: A seguinte declaração dos peritos no início da conversa é esclarecedora: "As informações que vou dar sob a forma de respostas às perguntas são verdadeiras, tanto quanto sei". Além disso, o inquirido estava ciente de que era possível verificar a veracidade das respostas e, por isso, o académico fez perguntas semelhantes com frases diferentes após um intervalo, para que a veracidade pudesse ser verificada.

Entrevista com especialistas

O académico contactou pessoalmente os peritos para a entrevista e conduziu a entrevista através de perguntas bem preparadas. A entrevista centrou-se na concetualização da Primeira Liga Indiana, no processo de concurso da Primeira Liga Indiana e no facto de a mesma ter sido criada em 2005.

Liga, leilões de jogadores individuais, economia da Primeira Liga Indiana, fluxos de receitas e custos do franchise, receitas dos jogadores, patrocínios, direitos de transmissão, direitos de radiodifusão, receitas publicitárias, pontos de classificação televisiva (TRP), etc.

Método utilizado para a recolha de dados (fontes secundárias)

Método da fonte de literacia

Para recolher informações sobre a concetualização da Indian Premier League, o processo de licitação da Indian Premier League, os leilões de jogadores individuais, a economia da Indian Premier League, as receitas e os fluxos de custos do franchise, as receitas dos jogadores, os patrocínios, os direitos de transmissão, os direitos de radiodifusão, as receitas publicitárias, os pontos de classificação televisiva (TRP), etc., foram igualmente tidos em conta artigos, relatórios e declarações publicados, livros e revistas. Para a recolha de dados, foram pesquisadas as seguintes revistas.

a) Samrat de críquete
b) Críquete Hoje
c) Estrela do desporto
d) Sports Illustrated
e) Wisden Índia
f) O Times da Índia
g) O Hindu
h) O Expresso Indiano
i) Revista Cricinfo

CAPÍTULO 4

ANÁLISE DOS DADOS E RESULTADOS DO ESTUDO

Neste capítulo, são apresentados os resultados e as suas interpretações, bem como as discussões sobre os resultados.

QUADRO 1
DECLARAÇÃO: CONCEPTUALIZAÇÃO DA PRIMEIRA LIGA INDIANA

Formation of Indian Cricket League (ICL) by, Zee group's Subhash Chandra to counter BCCI's strength in Indian cricket. It had senior players from all cricket playing nations & young budding cricketers from different parts of india.

To take advantage of the growing popularity of Twenty-20 cricket, BCCI and Lalit Modi conceived of an alternative cricket tournament, with the backing of ICC, built on the larger pattern of the english Premier League.

The idea had all the ingredients to be a success top cricket players of the world, cricket crazy Indians having a perfect viewing experience in summers/holiday season during prime time TV presence of bollywood celebrities, corporate and involvement of state political leaders.

QUADRO 2
DECLARAÇÃO: O PROCESSO DE CONCURSO DA LIGA PREMIER INDIANA

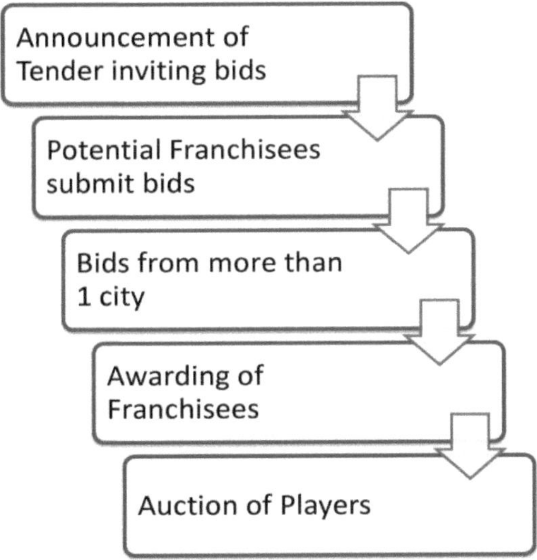

QUADRO 3
DECLARAÇÃO: PATROCINADORES PRINCIPAIS DA LIGA PREMIER INDIANA

NAME OF TITLE SPONSOR	YEAR	RS. IN CRORES
DLF	2008-12	200
PEPSICO	2012-2017	396.8

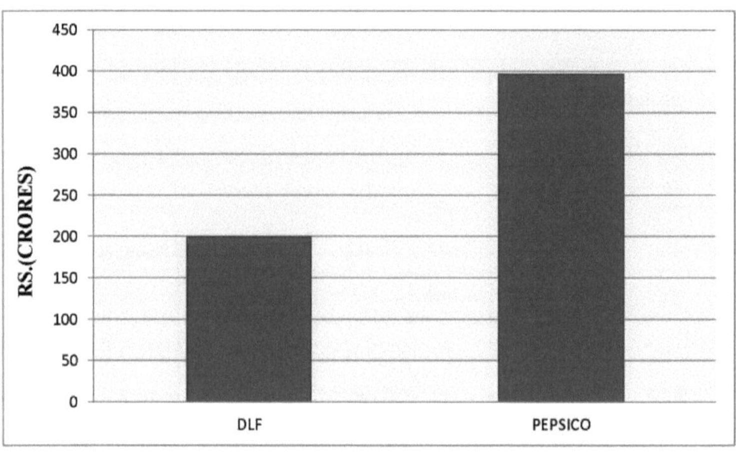

QUADRO 4
DECLARAÇÃO: LISTA DE FRANQUIAS

Team Name	City	Owner(s)	Price
CURRENT TEAMS			
Chennai Super Kings	Chennai	N. Srinivasan (India Cements)	US$ 91 Million
Delhi Daredevils	New Delhi	GMR Group	US$ 84 Million
Kings XI Punjab	Mohali (Chandigarh)	Preity Zinta, Ness Wadia(Bombay Dyeing), Mohit Burman(Dabur), Karan Paul(Apeejay Surendera Group)	US$ 76 Million

Kolkata Knight Riders	Kolkata	Shahrukh Khan (Red Chilies Entertainment)	US$ 75.09 Million
Mumbai Indians	Mumbai	Mukesh Ambani(Reliance Industries)	US$ 111.9 Million
Pune Warriors India	Pune	Subrata Roy(Sahara India Pariwar)	US$ 370 Million
Rajasthan Royals	Jaipur	Lachlan Murdoch(Emerging Media), Shilpa Shetty, Raj Kundra	US$ 67 Million
Royal Challengers Bangalore	Bangalore	Vijay Malya (UB Group)	US$ 111.6 Million
Sunrises Hyderabad	Hyderabad	Sun TV Network	US$ 159 Million
DEFUNCT			
Kochi Tuskers Kerala	Kochi	Kochi Cricket Private Ltd.	US$ 333 Million
Deccan Charges	Hyderabad	Deccan Chronicle Holdings Limited	US$ 107 Million

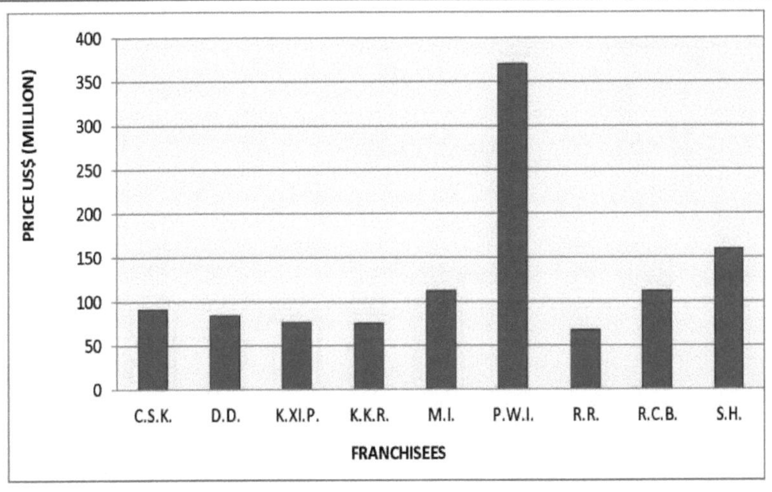

QUADRO 5
DECLARAÇÃO: LISTA DE DIREITOS TELEVISIVOS

Winning Bidder	Regional Broadcast Rights	Terms of Deal
Sony Entertainment Television/World Sport Group	India Bangladesh Bhutan Nepal	10 Years, 2008-17 US$ 1.58 Billion
The Times Group	Worldwide	Global Rights to distribute on broadband, mobile & radio. 4 Years 2011-14 Terms not released.
Channel 9	Bangladesh	Terms not released.
Geo Super (2008-10, 2012-13)	Pakistan	Terms not released.
Carlton Sports Network Sri Lanka Rupavahini Corporation:Channel Eye	Sri Lanka	Terms not released.
TBA (2013) One (2009-10) Network Ten (2008)	Australia	5 Years, 2008-12 A$ 10-15 million
Sky Network Television (2008-10, 2012)	New Zealand	Terms not released.
PCCW	Hong Kong	2 Years, 2010-11 Terms not released.
StarHub	Singapore	Terms not released.

Astro	Malaysia, Brunei		Terms not released.
Super Sport	Angola, Benin, Botswana, Burkina, Faso, Burundi, Cameroon, Chad, Cape Verde, Comoros, Central African Republic, Ivory Cost, Djibouti, Gabon, Democratic Republic of the Congo, Eritrea, Ethiopia, Equatorial Guinea, Gambia, Ghana, Guinea-Bissau, Guinea, Kenya, Liberia, Mali, Madagascar, Malawi, Niger, Mauritius, Mozambique, Namibia, Nigeria, Rwanda, Saint Helena, Ascension and Tristan da Cunha, Swaziland, South Africa, Sao Tome and Principe Senegal, Tanzania, Togo, Seychelles Sierra Leone, South Sudan, Uganda, Zambia, Zimbabwe, Kuwait,	2008-17	10 Years, Terms not released.
Arab Digital Distribution	United Arab Emirates, Algeria, Bahrin, Egypt, Iran, Iraq, Jordan, Libya, Lebanon, Mauritania, Morocco, Oman, Palestine, Qatar, Saudi Arabia, Sudan, Syria, Tunisia, Yemen		Terms not released.
ITV (2010) **Setanta Sports (2008-09)**	United Kingdom Broadcast on ITV4	2011-14	4 years, Terms not released.

Sports Max	Anguilla, Antigua and Barbuda, Barbados, British Virgin Islands, Bermuda, Cayman Islands, Dominica, Guyana, Bahamas, Grenada Guadeloupe, Martinique, Montserrat, Saint Kitts and Nevis, Saint Lucia, Saint Martin, Saint Vincent and the Grenadines, Suriname, Trinidad and Tobago, Turks and Caicos Islands, United States Virgin Islands, Jamaica	Terms not released.
Sportsnet One/World/Omni (2011-present) Asian Television Networks (2008-10) ATN Asian Radio (2008-present)	United States	5 Years, 2008-12 Terms not released.
Neo Cricket (2011) Dish Networks (2008, 2011) Direct TV (2008-10)	United States	Terms not released.

QUADRO 6
DECLARAÇÃO: DISTRIBUIÇÃO DOS PRÉMIOS MONETÁRIOS DA LIGA INDIANA DE PRIMEIRA DIVISÃO

POSITION OF THE TEAM	PRIZE MONEY
CHAMPIONS	Rs. 10 Crores
RUNNER-UP	Rs. 7.5 Crores

THIRD PLACE	Rs. 3.75 Crores
FOURTH PLACE	Rs. 3.75 Crores

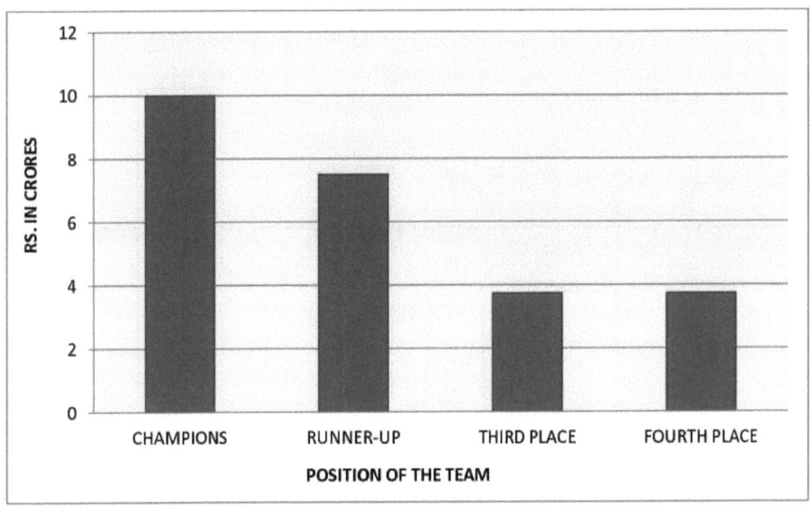

QUADRO 7
DECLARAÇÃO: OS CLUBES DA PRIMEIRA LIGA INDIANA SELECCIONAM JOGADORES INDIVIDUAIS

Open Auction for Individual Players

Highest bidder becomes the buyer.	Each player has a 'base annual fee' which is on a pro-data basis depending on his availability.	Each IPL Franchise has a minimum limit to spend on bidding for players.

QUADRO 8
DECLARAÇÃO: ECONOMIA DA PRIMEIRA LIGA INDIANA

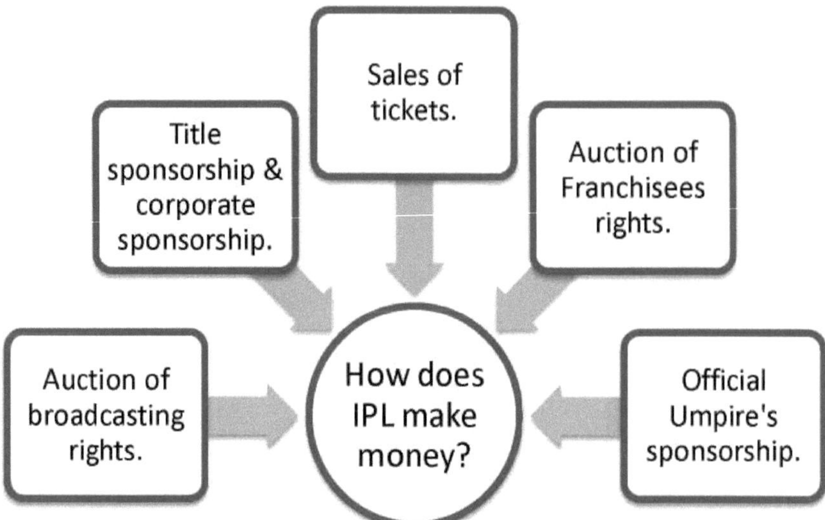

Fontes de rendimento de uma liga de primeira divisão indiana

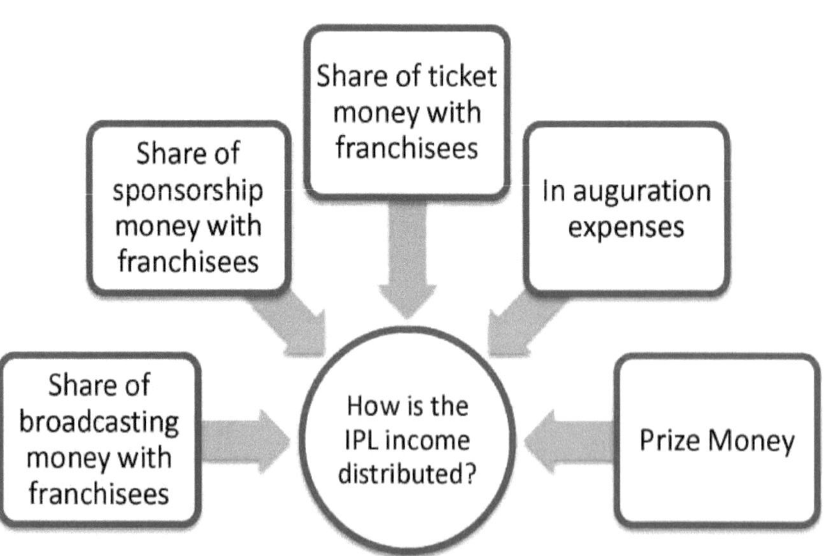

Distribuição das receitas da Indian Premier League

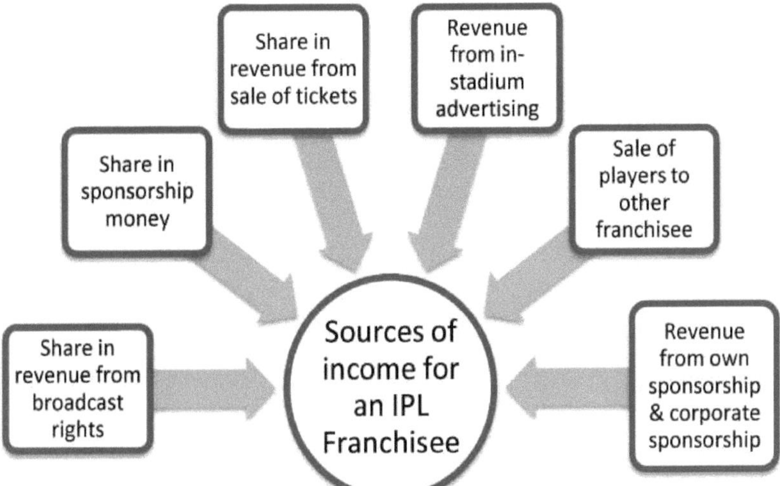

Fontes de rendimento dos franchisados da Indian Premier League

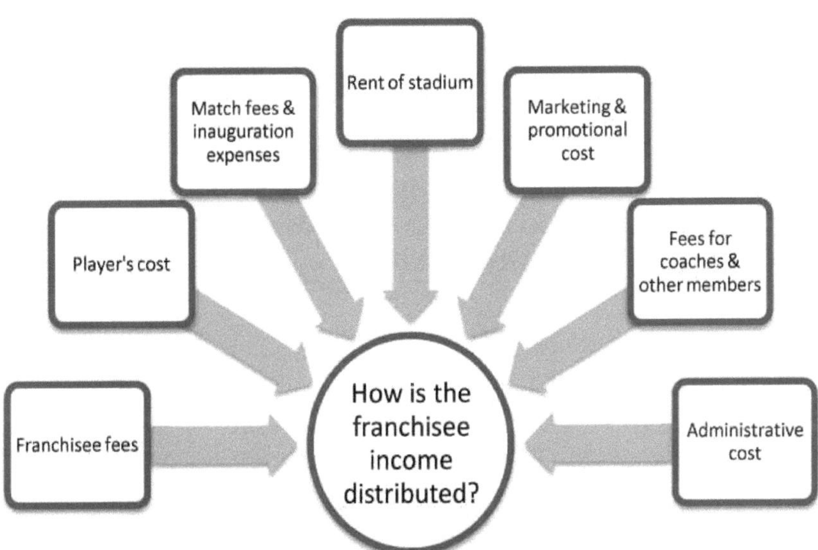

Distribuição dos rendimentos dos franchisados de uma liga de primeira divisão indiana

QUADRO 10
DECLARAÇÃO: RECEITAS LOCAIS DA LIGA DE PRIMEIRA DIVISÃO INDIANA

QUADRO 11
DECLARAÇÃO: MODELO DE FRANCHISING DA LIGA DE PRIMEIRA DIVISÃO INDIANA

REVENUE SOURCES	SHARE OF IPL	SHARE OF FRANCHISE
Broadcast Rights	20%	80%
Sponsorship	40%	60%
Team Sponsorship	-	100%
Gate receipts	20%	80%
In-Stadia Advertising		
EXPENSES		

Franchise Fee to IPL		
Player acquisition costs		
Stadium hire charges		
Marketing/Promotion Cost		

Quota de IPL-

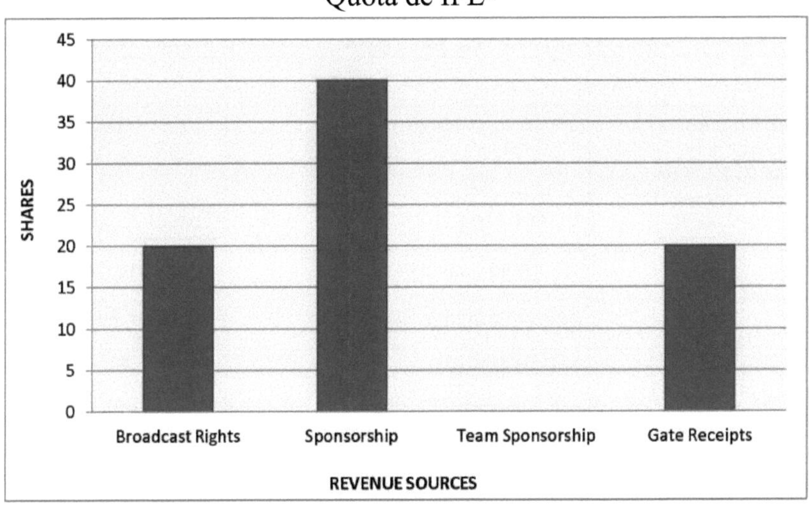

Quota de Franquias-

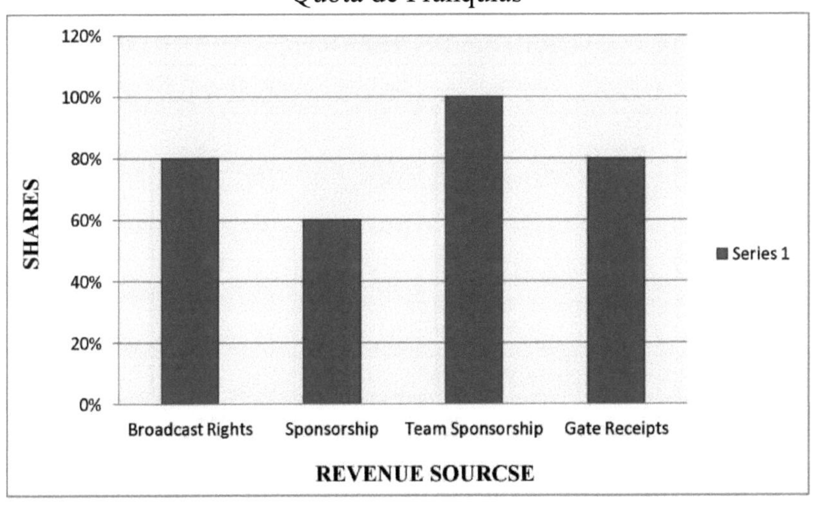

QUADRO 12
DECLARAÇÃO: FLUXOS DE RECEITAS E DE CUSTOS DOS FRANQUEADOS

	Major Revenues Streams	**Major Cost Heads**
Central-pool Revenues/Costs	Central Broadcasting Rights	Franchise Fees
	Central sponsorships	
Franchise-Level Revenues/Costs	Team Sponsorship	Player Salaries
	Gate Receipts	Travel & Stay Cost
	In-stadia Advertising	Team Promotion
	Merchandising Sale	Stadium Fees
	Media tie-ups	Others Admin. Cost

QUADRO 13
DECLARAÇÃO: FÓRMULA DE REPARTIÇÃO DAS RECEITAS

Central Broadcasting Revenue	**Central Sponsorship Revenue**
Year 1-3: BCCI gets 20% & team gets 80%	Year 1-10: BCCI gets 40% & team gets 60%
Year 4-5: BCCI gets 30% & team gets 70%	
Year 6-10: BCCI gets 40% & team gets 60%	

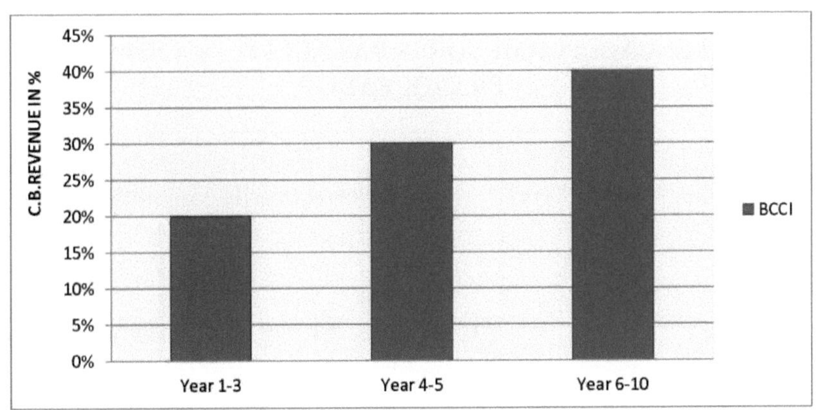

C.B.REVENUE IN %
45%
40%
35%
30%
25%
20%
15%
10%
5%
0%
Year 1-3
Year 4-5
Year 6-10
BCCI

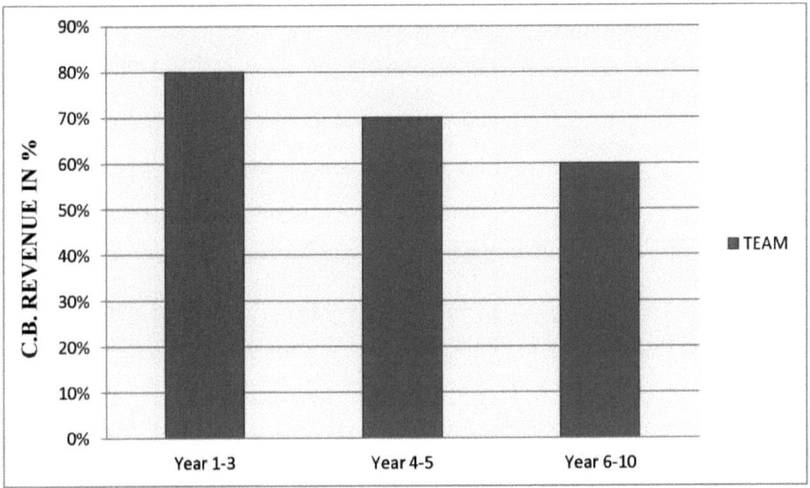

C.B. REVENUE IN %
90%
80%
70%
60%
50%
40%
30%
20%
10%
0%
Year 1-3
Year 4-5
Year 6-10
TEAM

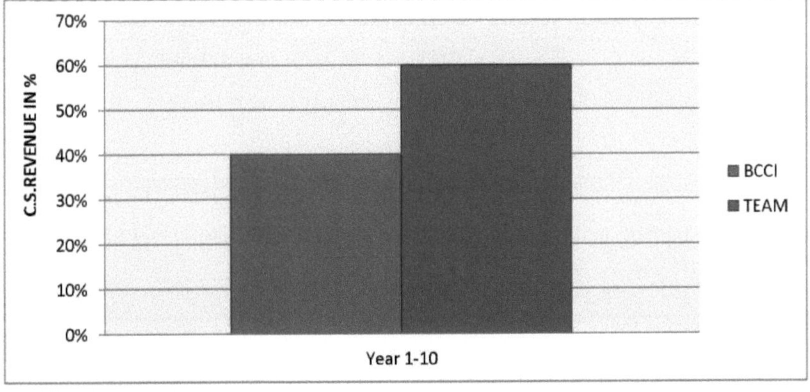

C.S.REVENUE IN %
70%
60%
50%
40%
30%
20%
10%
0%
Year 1-10
BCCI
TEAM

Franchise Level Revenues	Revenue Details/Assumptions
Team Sponsorships	-Most teams have a lead sponsor & many associate sponsors. -The sponsors get visibility on team promotions & cricket gear. -Sponsors can create contests & thematic advertising around the key players of the team. Each player is contracted to give 4-5 days to the franchise for use in promotion/sponsorship.
Gate Receipts	-80% of seats in the stadium available to franchisees for sale. Each team gets to play 7 matches in a year on its home ground where it gets to collect gate receipts.
In-Stadia Advertising	-Boundary advertising boards available to the franchisees for getting advertising revenue.
Merchandising Sale	-Teams tie-up with apparel brands like Reebok to create branded merchandise like T-shirts, caps, sports gear etc.
Media Tie-ups	-TV channels tie-up with teams to create reality shows to identify cricketing talent & select cheerleaders.

DECLARAÇÃO: PORMENORES DOS CUSTOS A NÍVEL DO FRANQUEADO

Franchise Level Cost	**Cost Details/Assumptions**
Player Salaries	-Teams spent a maximum of Rs. 225mn on players auctions in IPL. Thereafter there have been one or two further bids over the next two years by each team. -The fees for players not a part of bidding process are separate.
Travel & Stay	Teams have to arrange for travel & stay for their players.
Stadium Fees	Teams pay Rs. 5mn as to rent the stadium for every match it hosts in the home ground.
Team Promotions	Team owners need to do media promotions for the teams to build the brand franchisees & also give visibility to the sponsors.
Other Costs	Other costs include costs for the team support staff, admin etc.

DECLARAÇÃO: PORMENORES DA AVALIAÇÃO DAS FRANQUIAS DE 2011 2012 ANO

FRANCHISE'S NAME	BRANDVALUE 2011 (US$ MILLION)	BRANDVALUE 2012 (US$ MILLION)
Mumbai Indians	48.21	57.13
Chennai Super Kings	45.28	55.37
Royal challengers Bangalore	41.15	47.58
Kolkata Knight Riders	39.03	46.00
Delhi Daredevils	32.19	40.85
Hyderabad Deccan Charges	30.80	38.76
Pune Warriors India	28.88	-
Kings XI Punjab	28.66	35.75
Rajasthan Royals	26.93	33.78

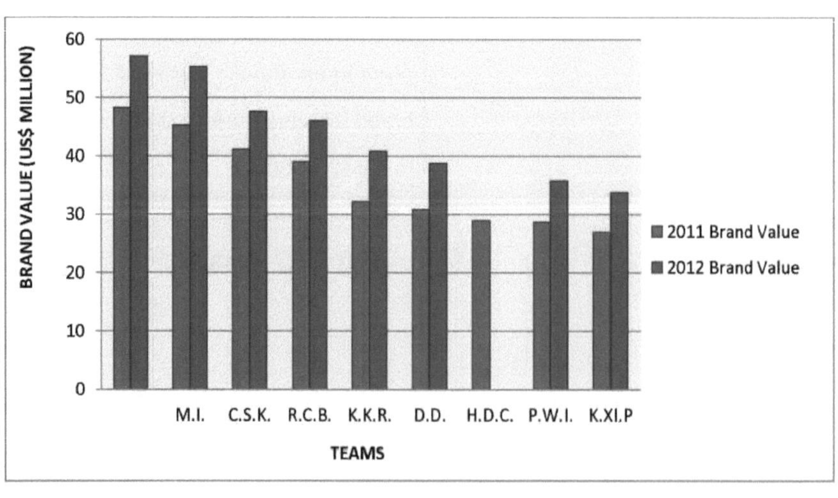

QUADRO 17
DECLARAÇÃO: VALOR DA MARCA DOS FRANCHISADOS IPL

RANK	FRANCHISES NAME	BRAND VALUE (IN US$ MILLION)
1	Mumbai Indians	79.13
2	Chennai Super Kings	75.58
3	Kolkata Knight Riders	57.57
4	Royal Challengers Bangalore	55.13
5	Delhi Daredevils	40.85
6	Deccan Charges	38.76
7	Kings XI Punjab	35.75
8	Rajasthan Royals	33.78

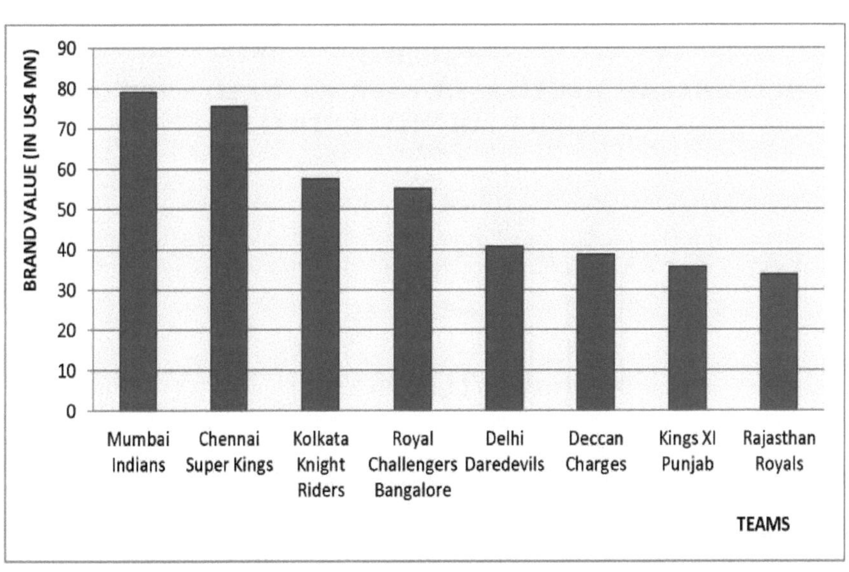

QUADRO 18
DECLARAÇÃO: RECEITAS DE JOGADORES

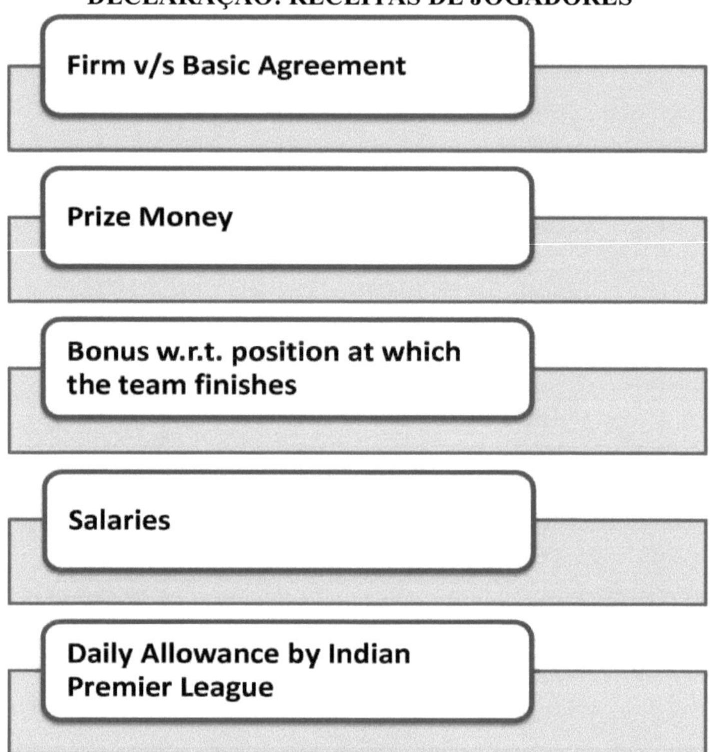

QUADRO 19
DECLARAÇÃO: RECEITAS DE PATROCÍNIO NO ÂMBITO DO AGRUPAMENTO CENTRAL

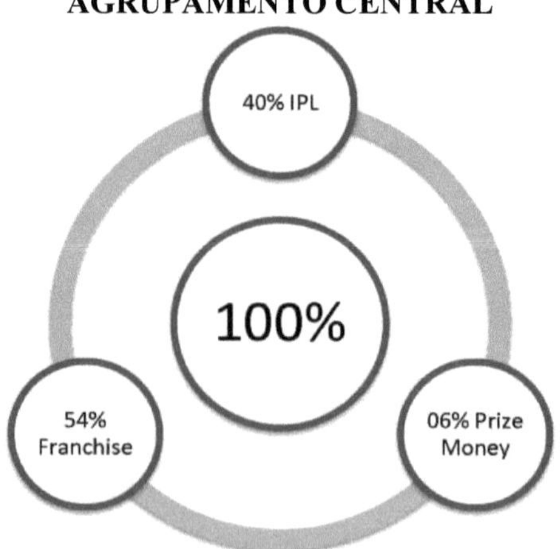

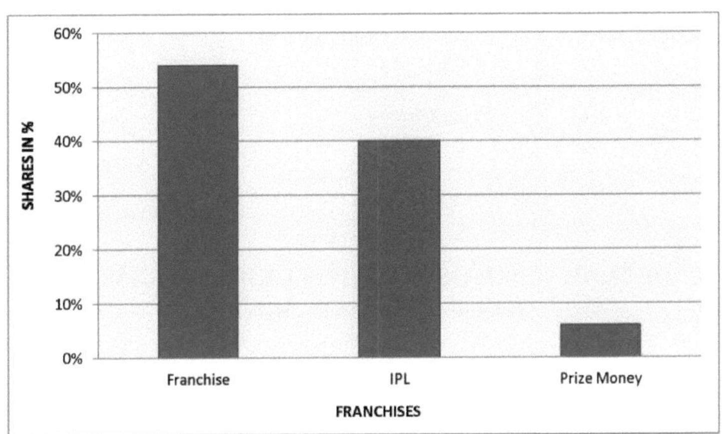

QUADRO 20
DECLARAÇÃO: O ÂNGULO DE TRANSMISSÃO DA PREMIER LEAGUE INDIANA

As setas para dentro são entradas de receitas, enquanto as setas para fora são rubricas de custos

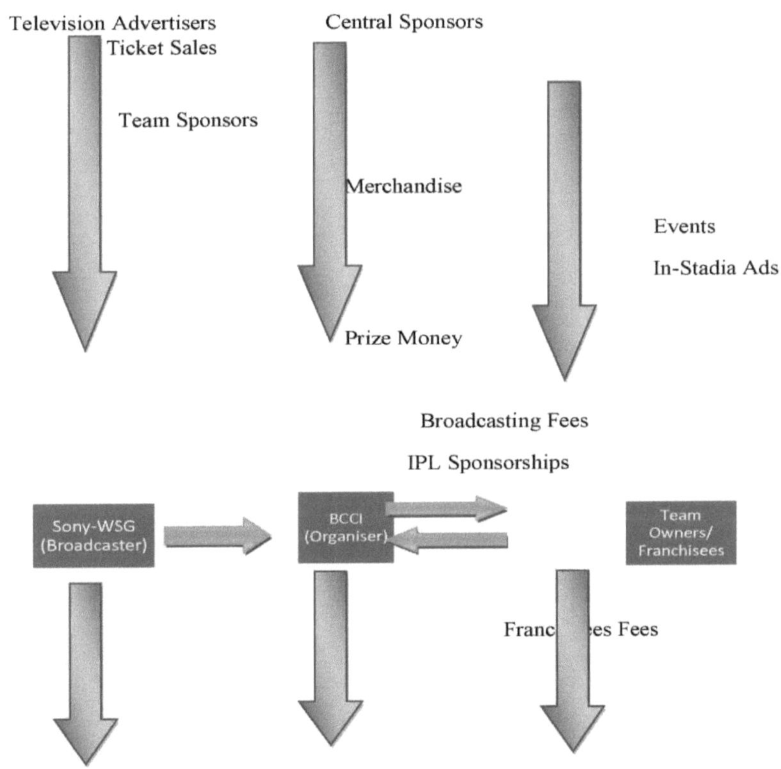

Production Cost   Umpire Salaries   Players
Salaries

Prize Money   Stadium Leasing

Team Advertising

Administration Costs

QUADRO 21
DECLARAÇÃO: OS DIREITOS DE TRANSMISSÃO
Primeiros cinco anos - Receitas

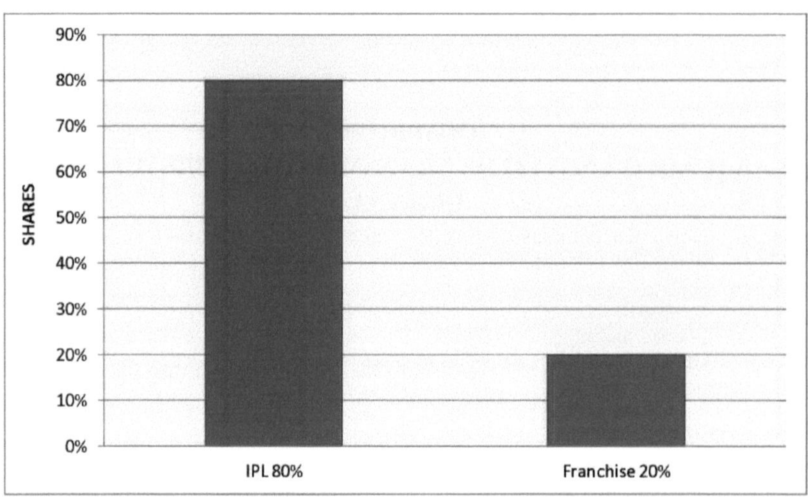

Após o quinto ano - Receitas

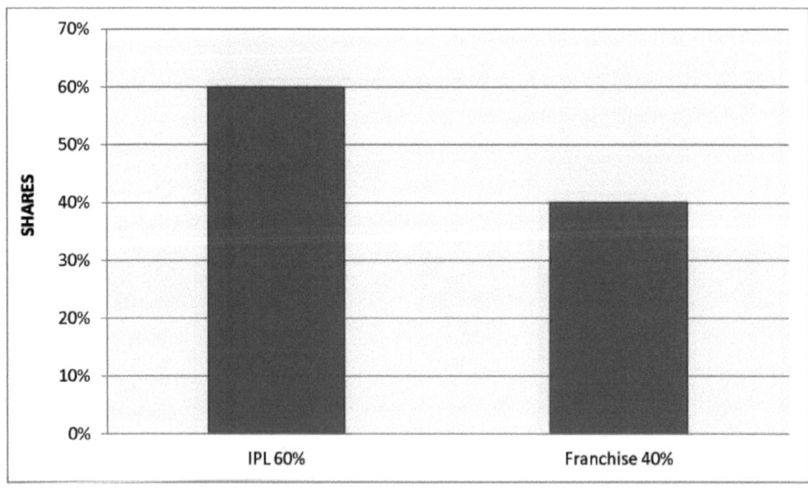

QUADRO 22
DECLARAÇÃO: RECEITAS PROVENIENTES DE DIREITOS DE TRANSMISSÃO

US$ 1.02bn

(-) US$ 108mn (Promotion Expenses)

(=)US$ 918mn (Actual Cost)

US$ 316mn   US$ 608mn

(Broadcasting Rights First 5 years)   (Broadcasting Rights next 5 years)

QUADRO 23
DECLARAÇÃO: PARTILHA DOS DIREITOS DE TRANSMISSÃO

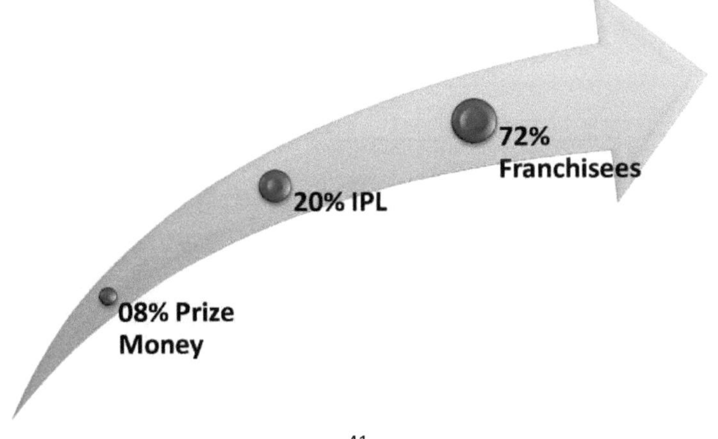

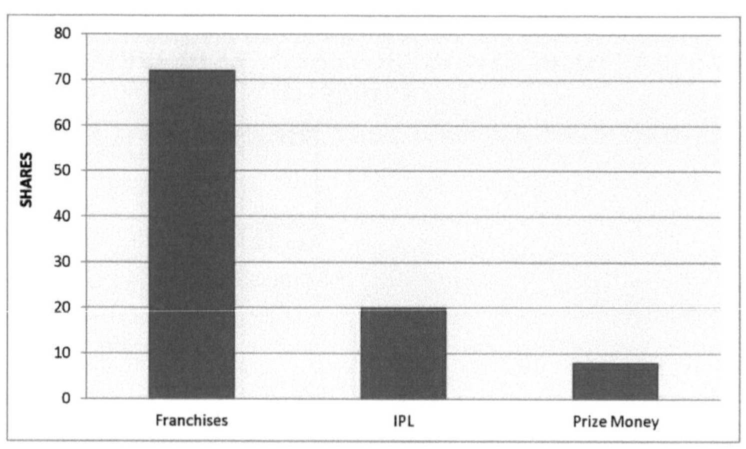

QUADRO 24
DECLARAÇÃO: RECEITAS DE PUBLICIDADE

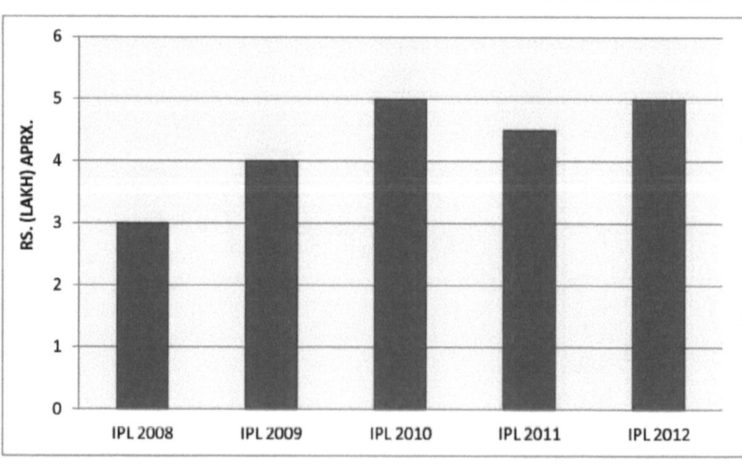

42

QUADRO 24
DECLARAÇÃO: PONTOS DE AUDIÊNCIA TELEVISIVA DA LIGA PRINCIPAL INDIANA

IPL Season (Year)	Television Rating Points (TRP)	Cumulative Reach (Millions)
IPL 2008	6.27%	102.2
IPL2009	5.16%	122.7
IPL 2010	5.55%	143.6
IPL 2011	2.60%	160.9
IPL 2012	4.63%	159.0

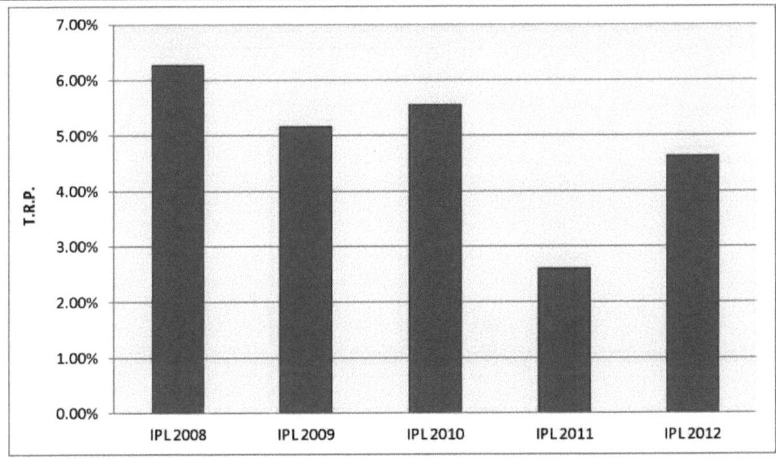

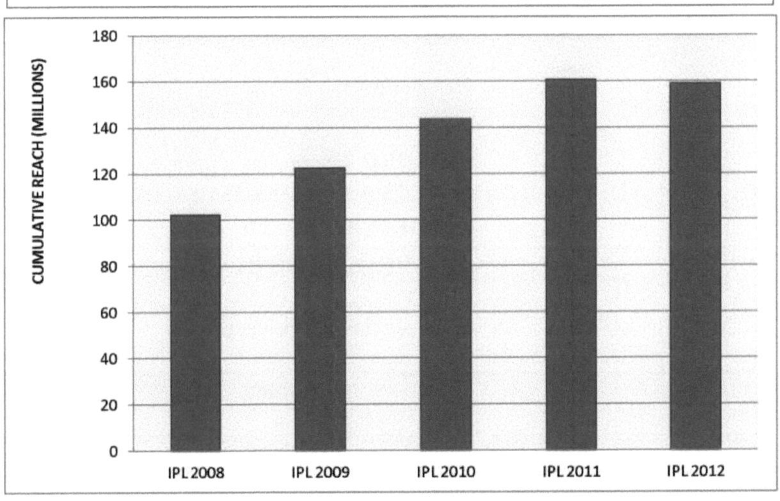

QUADRO 26

DECLARAÇÃO: IMPACTO DA PRIMEIRA LEI INDIANA NOUTROS MEIOS DE COMUNICAÇÃO SOCIAL

CHANNEL	GENRE	AVERAGE TELEVISION RATING POINTS (%)
Sony & Set Max	Indian Premier league	10
Zee	Soaps	5
Star	Soaps & Movies	4
9X	Realities Shows	1.35
NDTV	Mythological & Dramas	2.12

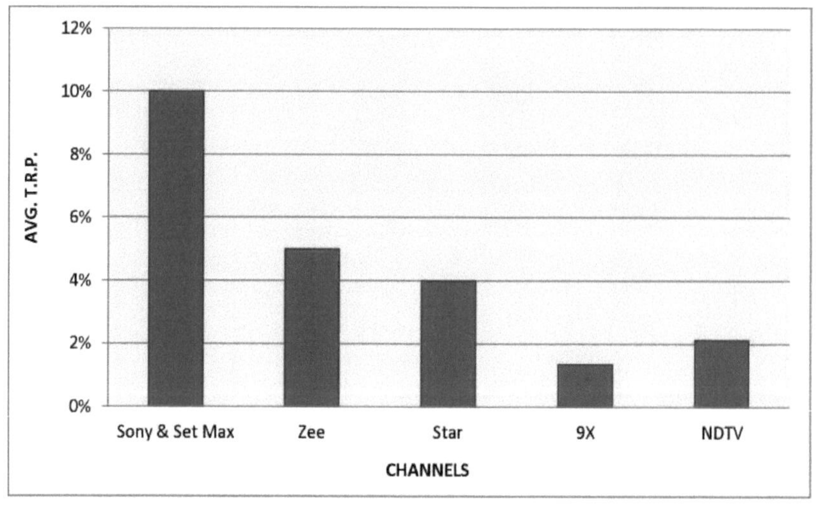

QUADRO 27

DECLARAÇÃO: LUCRO DO BCCI ATRAVÉS DA LIGA PREMIER INDIANA

YEARS	PROFIT OF BCCI
2008	Terms not released.
2009	21.2 Crores
2010	146 Crores

2011	265 Crores
2012	Not Released

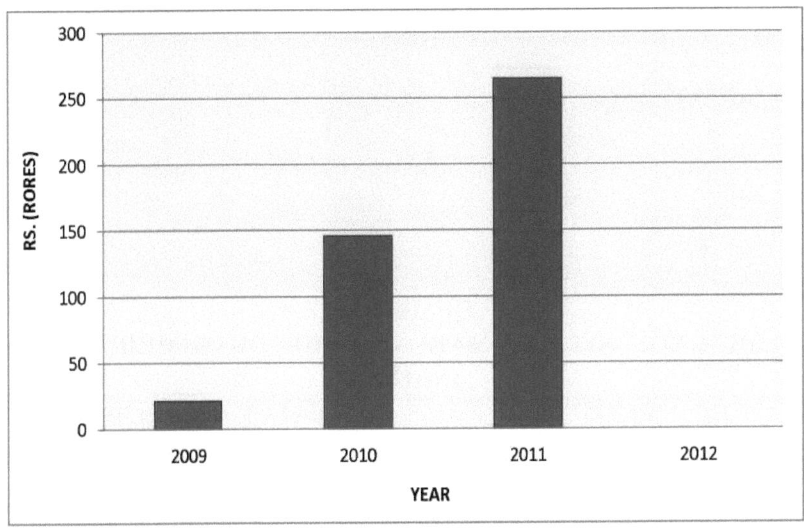

QUADRO 28
DECLARAÇÃO: TRIBUTAÇÃO DA PRIMEIRA LIGA INDIANA

YEARS	TDS (RS. In CRORES)
2008	91
2009	IPL hosted in South Africa has fetched a 'few crores' as income tax accrued from the BCCI
2010	200
2011	350
2012	Terms not released

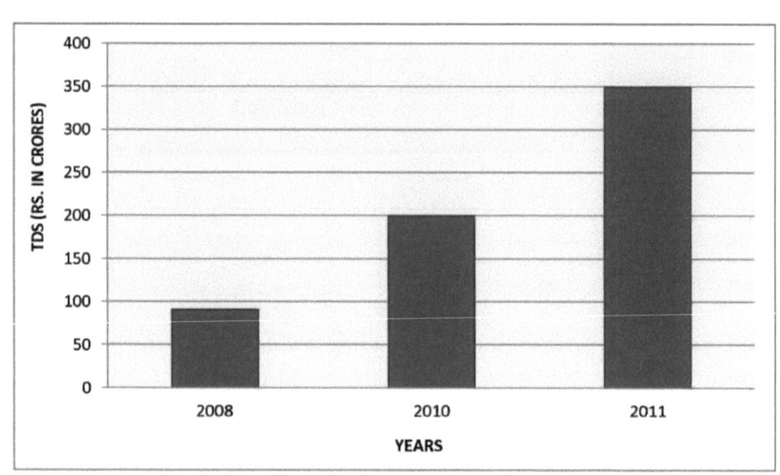

QUADRO 29
DECLARAÇÃO: VALOR DA MARCA DA LIGA DE PRIMEIRA DIVISÃO INDIANA

YEAR	VALUE (RS.CRORES)
2008	Terms not released
2009	9837
2010	19675.3
2011	16632.4
2012	16162.5

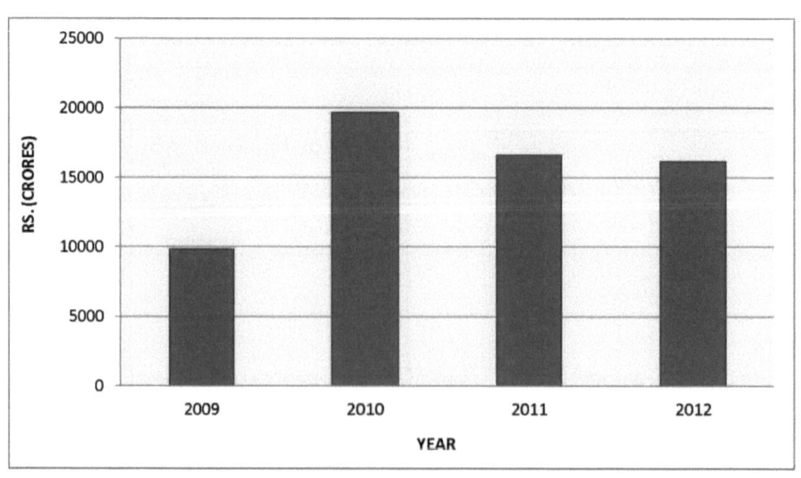

DECLARAÇÃO: AS EQUIPAS MAIS BEM PAGAS DO MUNDO

RANK	TEAM	LEAGUE	AVERAGE ANNUAL SALARY PER PLAYER (US$)	AVERAGE WEEKLY SALARY PER PLAYER (US$)
1	Barcelona	La Liga	7910737	152130
2	Real Madrid	La Liga	7356632	141474
3	New York Yankees	MLB	6756301	129929
4	Los Angeles Lakers	NBA	6540690	125782
5	Orlando Magic	NBA	6367114	122445
6	Chelsea	EPL	6020741	115783
7	Inter Milan	Serie A	5999643	115378
8	Boston Red Sox	MLB	5991203	115215
9	Denver Nuggets	NBA	5990174	115196
10	Manchester City	EPL	5863585	112761
26	Royal Challenger Bangalore	IPL	4506667	86667
29	Kolkata Knight Riders	IPL	4448333	85545
40	Kings XI Punjab	IPL	4065833	78189
44	Mumbai Indians	IPL	3997500	76875
45	Deccan Charges	IPL	3993333	76795
54	Chennai Super King	IPL	3583333	68910
60	Delhi Daredevils	IPL	3392500	65240
126	Rajasthan Royals	IPL	2152667	41397

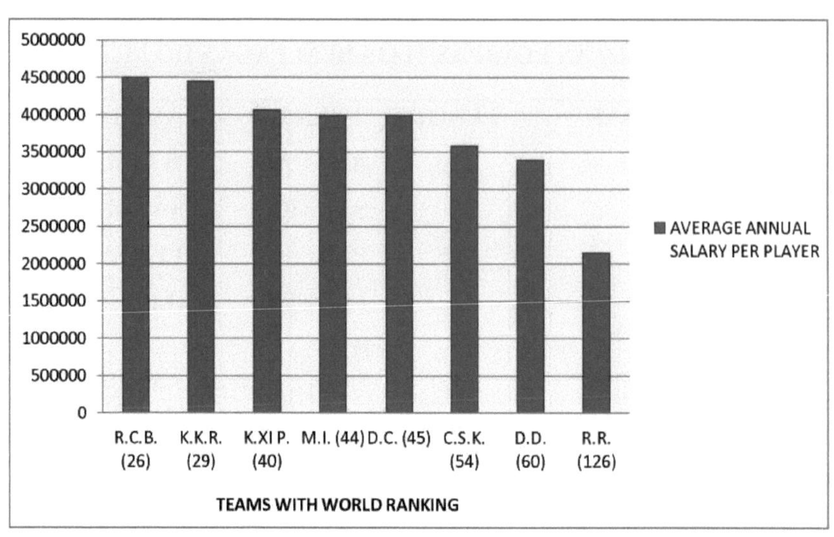

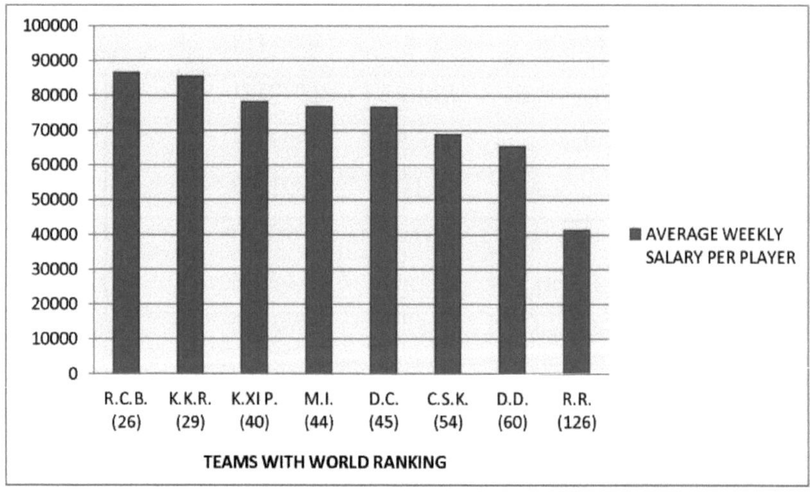

QUADRO 31
DECLARAÇÃO: SEGUIDORES DA PRIMEIRA LIGA INDIANA

IPL	FOLLOW	DON'T FOLLOW
FOLLOWERS	83%	17%

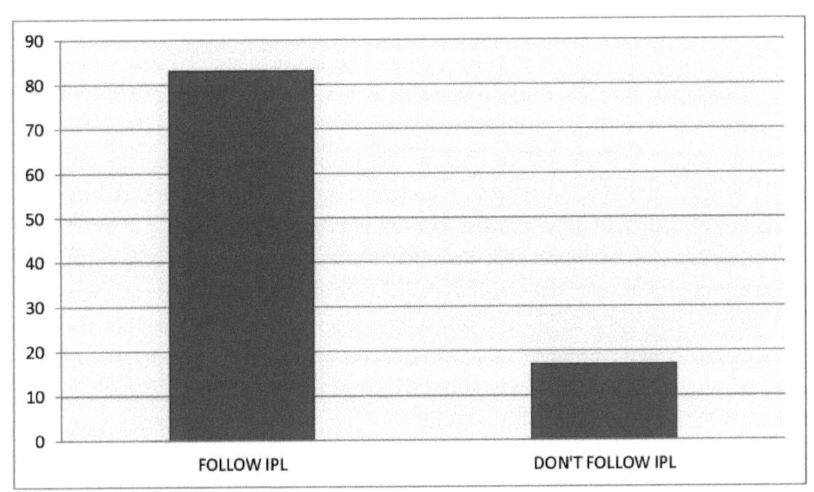

QUADRO 32
DECLARAÇÃO: MARKETING DA PRIMEIRA LIGA INDIANA

IPL	Aggressive Marketing	Great Futuristic Strategy	45 Days of Masala
Marketing	43%	31%	26%

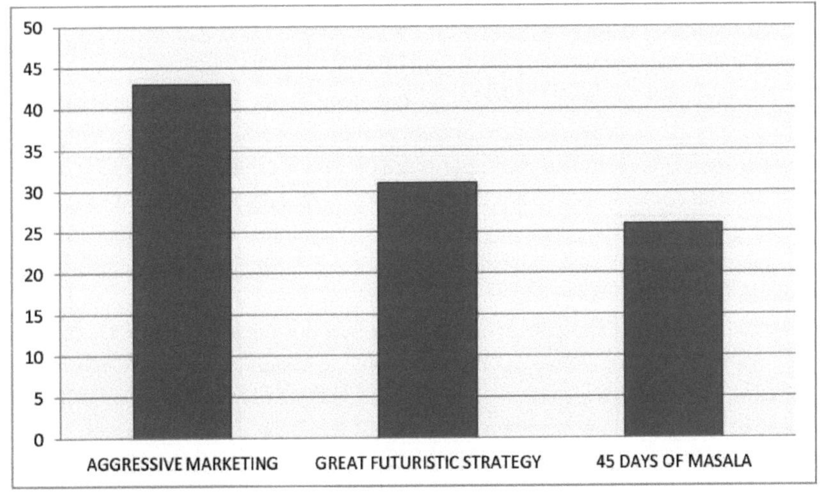

Conclusões

A origem da Indian Premier League é bastante interessante. A Primeira Liga Indiana (IPL) foi lançada para a rebelde Liga Indiana de Críquete (ICL) lançada pelo Grupo Zee. A Liga Indiana de Críquete (ICL) foi criada por Subhash Chandra, do grupo Zee, para contrariar a força do Conselho de Controlo de Críquete da Índia (BCCI) no críquete indiano. Tudo começou quando Lalit Modi idealizou a Indian Premier League (IPL). A Primeira Liga Indiana foi concebida segundo os moldes da Primeira Liga Inglesa (EPL).

O informador afirma que a BCCI e a IPL manipularam o processo de concurso para a adjudicação de contratos relacionados com os franchisados das equipas de críquete da IPL. O processo de concurso foi gerido de forma a favorecer determinadas agências, em vez de garantir que a parte com a proposta mais elevada conseguisse obter os contratos de franquia. O informador alegou ainda que, sendo as únicas partes que podiam adjudicar esses contratos de franquia, prescindiram de um processo de concurso justo, criando barreiras à entrada de novos operadores no mercado. É ainda alegado que os contratos de franquia para as equipas IPL e os contratos associados foram adjudicados de forma não concorrencial, em violação das disposições da lei.

A IPL anunciou que já tinha celebrado contratos com os principais jogadores de várias nações de críquete (incluindo jogadores internacionais indianos) para jogarem na IPL. Todos os acordos e autorizações dos respectivos conselhos de administração já tinham sido obtidos. Estes jogadores seriam disponibilizados para jogar por qualquer um dos franchises, com base num leilão de jogadores que tinha sido fixado para ter lugar no escritório da BCCI em Mumbai em 20 de fevereiro de 2008. Prevê-se que seja um evento de um dia inteiro, com a presença total dos meios de comunicação social e a cobertura em direto dos procedimentos por alguns canais de televisão. As regras do leilão de jogadores no IPL eram as seguintes:

a. O leilão será um leilão aberto, sendo cada jogador apresentado individualmente para leilão. O autor da oferta mais elevada aceite pelo leiloeiro será o comprador a esse preço.

b. Cada jogador tem uma "taxa de jogador base" anual. A taxa de base do jogador será a taxa a partir da qual se inicia a licitação para esse jogador.

c. Cada Franquia tem uma "bolsa" total que pode gastar no Leilão de jogadores. As Franquias não poderão fazer uma oferta por um jogador que as leve para além desta bolsa total. (Os salários a pagar por outros jogadores indianos, estatais e da área de influência, que se tornem parte do plantel, não fazem parte desta bolsa total).

d. Os jogadores em leilão serão organizados em "conjuntos" de acordo com a sua taxa de jogador base, a sua especialidade no críquete e a sua disponibilidade prevista para a época IPL.

e. Antes do leilão, as franquias receberão uma lista dos jogadores que serão leiloados, a composição dos conjuntos e a ordem pela qual os conjuntos serão leiloados.

f. Dentro dos conjuntos, a ordem pela qual os jogadores serão apresentados para leilão será determinada por um sorteio aleatório que terá lugar na sala de leilões.

g. Cada jogador será objeto de um leilão aberto, com o leiloeiro a controlar o processo. Os licitantes levantarão uma raquete para indicar uma oferta (apenas um licitante oficial por franquia). Cada licitação representará a taxa de jogador por época a ser paga pela Franquia ao jogador por cada uma das épocas

h. Os proprietários de uma equipa podem adquirir jogadores de qualquer uma das seguintes opções:

- Através do leilão anual
- Compra de operadores nacionais
- Contratação de jogadores sem limite de idade
- Comprar peças de substituição
- Comércio

Os licitantes vencedores das oito franquias foram anunciados em 24 de janeiro de 2008. Embora o preço de base total para o leilão fosse de 400 milhões de dólares americanos, o leilão rendeu 723,59 milhões de dólares americanos.

Em 21 de março de 2010, Pune e Kochi foram revelados como os dois novos franchises para a quarta edição da Indian Premier League. O preço de base era de 225 milhões de dólares. Enquanto Pune foi comprada pelo Sahara Adventure Sports Group por 370 milhões de dólares, o franchise de Kochi foi comprado pela Rendezvous Sports World Limited por 333,3 milhões de dólares. O segundo leilão de franchise rendeu um total de 703 milhões de dólares.

Prevê-se que a IPL traga ao BCCI uma receita de aproximadamente 1,6 mil milhões de dólares, durante um período de cinco a dez anos. Todas estas receitas são canalizadas para um fundo central, 40% do qual irá para a própria IPL, 54% para os franchisados e 6% como prémios monetários. O dinheiro será distribuído nestas proporções até 2017, após o que a parte do IPL será de 50%, a dos franchisados 45% e a dos prémios 5%. A IPL inscreveu a Kingfisher Airlines como parceiro oficial dos árbitros para a série num acordo de ₹ 106 crores (US$19,29 milhões) (aproximadamente £15 milhões). Este acordo prevê a presença da marca Kingfisher Airlines nos uniformes de todos os árbitros e também nos ecrãs gigantes durante as decisões do terceiro árbitro.

Em 17 de janeiro de 2008, foi anunciado que um consórcio constituído pela rede indiana Sony Entertainment Television e pelo World Sport Group, sediado em Singapura, assegurou os direitos de transmissão a nível mundial da Primeira Liga Indiana. O acordo recorde tem uma duração de dez anos e um custo de 1,026 mil milhões de dólares americanos. No âmbito do acordo, o consórcio pagará ao BCCI 918 milhões de dólares americanos pelos direitos de transmissão televisiva e 108 milhões de dólares americanos pela promoção do torneio. O IPL contestou este acordo no Supremo Tribunal de Bombaim, tendo obtido uma decisão a seu favor. Depois de perder a batalha em tribunal, a Sony Entertainment Television assinou um novo contrato com a BCCI, tendo pago 8 700 crores de libras esterlinas (1,58 mil milhões de dólares) durante 10 anos. Uma das razões para o pagamento desta enorme quantia é vista como o dinheiro necessário para subsidiar a mudança do IPL para a África do Sul, que será substancialmente maior do que o IPL anterior. A IPL tinha concordado em subsidiar a diferença de custos de funcionamento entre a Índia e a África do Sul, uma vez que decidiu mudar-se para o país africano após as preocupações de segurança suscitadas pela coincidência com as eleições gerais na Índia.

20% destas receitas iriam para o IPL, 8% para prémios monetários e 72% seriam distribuídos pelos franchisados. O dinheiro seria distribuído nestas proporções até 2012, após o que o IPL se tornaria público e cotaria as suas acções (mas em março de 2010, o IPL decidiu não se tornar público).

A Sony-WSG revendeu depois partes dos direitos de transmissão geograficamente a outras empresas. É oficialmente transmitido em Set Max e na Internet em Times Internet. Em 4 de março de 2010, a ITV anunciou que tinha assegurado os direitos de transmissão televisiva no Reino Unido da Indian Premier League de 2010. A ITV transmitirá 59 dos 60 jogos da IPL no seu canal de acesso livre ITV4.

Em 1 de abril de 2011, a Rogers Media anunciou a assinatura de um acordo exclusivo de quatro anos no Canadá para a transmissão de 36 jogos da fase de grupos, 3 jogos dos playoffs e 1 jogo do campeonato no seu canal Sportsnet One. Na época de 2012, a sua cobertura incluirá também um programa semanal de destaque e quatro jogos nas suas estações multiculturais Omni Television, e a final da IPL será transmitida nos principais canais regionais Sportsnet. As receitas da Indian Premier League provenientes de outras fontes de media são as seguintes

a. O YouTube mostra a transmissão em direto com 5 minutos de atraso. YouTube patrocinado por Rs. 4 crores.
b. O canal generalista de entretenimento do grupo Viacom 18 (MTV, IBN7, CNBC) exibe o espetáculo "IPL Rock star". Um selo de 600 milhões de rupias.

As receitas publicitárias do organismo de radiodifusão registaram um aumento constante desde o início da Indian Premier League.

A IPL oferece um total de "25 crores em prémios monetários". A Indian Premier League é um dos torneios nacionais de críquete mais ricos do mundo. A primeira edição da Indian Premier League (IPL) ofereceu um cheque aos vencedores de 10 milhões de rupias, enquanto a IPL ofereceu um cheque aos segundos classificados de 7,5 milhões de rupias e um prémio global de 25 milhões de rupias. Desde então, os prémios em dinheiro têm vindo a aumentar.

O maior promotor imobiliário da Índia, o DLF Group, pagou 36,25 milhões de dólares (200 milhões de rupias) para ser o patrocinador principal do torneio durante 5 anos, de 2008 a 2012. Outros acordos de patrocínio anuais incluem um acordo com o fabricante de motociclos Hero Honda no valor de 22,5 milhões de dólares, um acordo com a PepsiCo no valor de 12,5 milhões de dólares e um acordo com o conglomerado de cervejas e companhias aéreas Kingfisher no valor de 26,5 milhões de dólares. A DLF resgatou o patrocínio da IPL depois de completar os seus 5 anos de patrocínio a partir de 2013.

A PepsiCo conseguiu o patrocínio do título da Indian Premier League (IPL) para os próximos cinco anos (2013-17). A Indian Premier League passará a chamar-se Pepsi IPL, depois de a empresa de fabrico de refrigerantes ter conseguido o patrocínio do torneio T20 por 71,77 milhões de dólares, aproximadamente (396,8 milhões de rupias). A liga T20 conseguiu o novo patrocinador depois de a maior empresa imobiliária do país, a DLF, que foi o seu patrocinador principal durante cinco anos, ter decidido não renovar o seu contrato em julho. A empresa tinha gasto 250 milhões de rúpias em cinco anos para a IPL.

A Brand Finance, uma empresa de consultoria de marcas sediada no Reino Unido, avaliou a IPL em 4,13 mil milhões de dólares (18 998 milhões de rupias) em 2010. Em 2009, foi avaliada em 2,01 mil milhões de dólares pela mesma empresa de consultoria.

A IPL espera ter 80 acordos oficiais de merchandising. A IPL assinou um acordo com o fabricante suíço de relógios Bandelier para fabricar relógios oficiais para a IPL.

De acordo com um estudo recente efectuado por uma empresa de consultoria de avaliação de marcas sediada no Reino Unido, o valor da marca da IPL mais do que duplicou, passando de 2,01 mil milhões de dólares em 2009 para 4,13 mil milhões de dólares (mais de 18 000 milhões de rupias).

Os franchisings fizeram parte deste crescimento. Os Mumbai Indians têm um valor de marca de 79,13 milhões de dólares, o que os coloca no topo da tabela. O franchise Chennai Super Kings subiu na classificação com uma avaliação de 63,58 milhões de dólares. O Kolkata Knight Riders, propriedade do ator de Bollywood Shahrukh Khan, vem em terceiro lugar com uma avaliação de 57,59 milhões de dólares e o Rajasthan Royals, propriedade da atriz de Bollywood Shilpa Shetty, vem em último lugar com 33,78 milhões de dólares. O Royal Challengers Bangalore, propriedade de Vijay Mallya, ocupa o quarto lugar, com uma avaliação de 55,13 milhões de dólares, seguido do Delhi Daredevils (40,85 milhões de dólares) e do Kings XI Punjab (35,75 milhões de dólares). O Deccan Chargers ocupa o sexto lugar, com uma avaliação de 38,76 milhões de dólares.

A Indian Premier League começou a sua carreira em grande há cinco épocas. A propriedade gerou audiências televisivas como nenhuma outra; as taxas de publicidade acompanharam o ritmo. Durante a Primeira Liga Indiana, o interesse dos telespectadores começou a diminuir, o que se começa a refletir nas TVR e, consequentemente, nas taxas de publicidade, levantando sérias questões sobre a sustentabilidade deste empreendimento. Impacto da IPL noutros meios de comunicação social TV GEC A IPL está programada para ser transmitida no horário nobre mais procurado, das 8 às 23 horas. Atualmente, esta faixa horária é a mais popular entre as donas de casa para as telenovelas transmitidas em canais de entretenimento geral (GEC) como Star plus, Zee e Set, etc.

As receitas do Conselho de Controlo do Críquete na Índia provenientes da Primeira Liga Indiana (IPL) têm sido outra das principais fontes de rendimento e também aqui os livros da BCCI revelam um aumento colossal. O relatório indica que o BCCI ganhou 265,14 milhões de rúpias com a quarta edição da IPL em 2011-12, contra 118,76 milhões de rúpias em 2010-11. É de salientar que a quinta edição do IPL terminou em maio de 2012, pelo que as receitas geradas por essa edição serão reflectidas no relatório do próximo ano.

Estádios cheios, finais renhidas e uma nova equipa vencedora pertencente à maior estrela de cinema do país - a Indian Premier League (IPL) foi tudo isto e muito mais. No entanto, a marca IPL sofreu alguns golpes duros na sequência de uma série de controvérsias. Resultado: diminuição das audiências e do interesse dos anunciantes. A IPL, que em tempos foi considerada um equivalente da Super Bowl - uma delícia para os anunciantes - acabou por dar a todos os que estão financeiramente associados ao evento um choque de realidade. A IPL é essencialmente duas coisas - críquete e conteúdos. A partir de agora, há que reduzir a distração em torno do desporto. Trata-se de uma liga desportiva e apostar demasiado no entretenimento é uma estratégia a muito curto prazo, uma vez que se desvanece rapidamente.

O BCCI só tem de se concentrar em tornar o críquete divertido. Acrescentar glamour não é suficiente para manter a marca a longo prazo. As controvérsias fora do campo não são novidade para as ligas desportivas. As grandes ligas desportivas - a NFL, a NBA e a EPL - estão sempre a lidar com este tipo de situações. Mas os castigos são rigorosos e existe uma equipa anti-corrupção que se ocupa da boa governação no seio da liga. A série aparentemente interminável de lapsos de governação e transparência contribuiu para o rápido declínio do valor da marca IPL. Não demorará muito até que a IPL regrida para o seu valor de referência de 2 mil milhões de dólares em 2009, colocando sob pressão todo o ecossistema e a criação de valor dos franchises. O relatório Brand Finance recentemente publicado fixa o valor atual da marca IPL em 2,92 mil milhões de dólares (cerca de 16 162,5 milhões de rupias), uma queda de 29,29 por cento (em termos de dólares) em relação ao seu pico de 4,13 mil milhões de dólares em 2010 (cerca de 19 675,3 milhões de rupias). No ano passado, o valor da marca IPL desceu para 3,67 mil milhões de dólares (cerca de 16 632,4 milhões de rupias).

Em 2008, uma notificação do Conselho Central dos Impostos Diretos (CBDT) alargou o âmbito dos "profissionais" ao abrigo da Lei do Imposto sobre o Rendimento de 1961, que incluía desportistas, árbitros, treinadores, formadores, médicos e fisioterapeutas de equipas, gestores de eventos, comentadores, pivôs e colunistas desportivos. A notificação classificava os seus serviços como "serviços profissionais". O departamento contabilizou o montante como imposto retido na fonte (TDS) a partir da remuneração paga aos jogadores, árbitros, treinadores, comentadores e do pagamento de direitos de publicidade no estrangeiro. As autoridades do I-T estão a reunir os "números finais" das cobranças de TDS, uma vez que estão a recolher informações de vários dos seus escritórios em todo o país onde os franchises IPL estão registados.

Atualmente, o departamento do I-T não está apenas a investigar a origem do dinheiro para o torneio, mas também os "aspectos fiscais das transacções relacionadas com a Indian Premier League", incluindo o fluxo de dinheiro proveniente de destinos offshore para o torneio. Os impostos incluem o imposto direto e o imposto sobre serviços.

A Indian Premier League (IPL) tornou-se a segunda liga desportiva do mundo em termos de remuneração semanal média. O Global Sports Salaries Survey 2011 compara os rendimentos médios da equipa principal de 272 equipas em 14 ligas de 7 desportos em 10 países de todo o mundo. Essas 14 ligas são a NBA (basquetebol), a IPL (críquete), a MLB (basebol), a Premier League (futebol inglês), a NFL (futebol americano), a NHL (hóquei no gelo), a Bundesliga (futebol alemão), a Serie A (futebol italiano), a La Liga (futebol espanhol), a NPB (basebol japonês), a SPL (futebol escocês), a AFL (futebol australiano), a MLS (futebol americano) e a CFL (futebol canadiano). A análise liga a liga inclui, para cada liga A) um quadro com a remuneração média da equipa principal por equipa, ordenada do melhor para o pior pagador; B) um resumo do que aconteceu no campo/quadra/campo nessa época, quer sob a forma de um quadro final da liga, quer sob a forma de um resumo da época regular e de pormenores da pós-temporada/jogo de play-offs; C) indicadores de desempenho que mostram como se comportaram as secções mais bem pagas das ligas e as secções mais mal pagas ao longo das épocas; D) um gráfico da distribuição dos salários por liga; E) uma breve análise da "dispersão do êxito" ao longo de um período de 10 anos na liga, com exceção da IPL, que só tinha tido três épocas no final de 2010; F) um gráfico e uma breve análise da remuneração em função do desempenho para cada liga na época em questão, classificando a posição de cada equipa em termos de remuneração em relação à sua posição final na época.

O "Salário médio anual" representa os salários base dos jogadores da época atual ou das épocas mais recentes de cada desporto e exclui endossos, bónus, taxas de comparência e qualquer outra fonte de compensação adicional. Todos os valores são convertidos em dólares americanos. Todos os valores anuais da IPL pro rata do pagamento semanal.

Os desportos e as ligas: Futebol de regras australianas (AFL), basebol (MLB, NPB), basquetebol (NBA), críquete (IPL), futebol americano (CFL, NFL), futebol (Bundesliga, EPL, La Liga, MLS, Serie-A, SPL). Os países: Austrália, Canadá, Inglaterra, Alemanha, Índia, Itália, Japão, Escócia, Espanha, EUA.

Discussão dos resultados

A Indian Premier League (IPL) é um milagre no críquete mundial. Assistimos a mudanças drásticas no críquete após a evolução do novo conceito de críquete T-20. O Conselho de Controlo do Críquete na Índia (BCCI) é a organização que está por detrás da cena e que transformou o conceito de sonho em realidade. A Indian Premier League (IPL) é um grande drama que envolveu uma enorme quantidade de dinheiro e capital intelectual. Na primeira semana de abril de 2008, os indianos acordaram com as manchetes que davam conta de que a recém-lançada Primeira Liga Indiana (IPL) poderia vir a sofrer um boicote total por parte dos meios de comunicação social, uma situação impensável num país onde o críquete não é um desporto, mas sim uma religião. O
A Indian Premier League (IPL) entrou no mundo do críquete através de várias controvérsias.

O êxito do IPL pode ser atribuído a muitos factores, dos quais se destacam alguns. Um deles é a sua natureza comercialmente viável, que coloca uma grande ênfase na criação de uma campanha mediática e na adição de cores ao jogo de críquete através de estrelas de Bollywood, raparigas da claque vestidas de forma simples, campanha mediática organizada e publicidade comercial. Outro fator muito significativo é o formato curto do jogo 20-20 e o seu horário diurno e noturno, que permite às pessoas segui-lo sem comprometer o seu trabalho diário. A presença de estrelas mundiais, as pancadas que são executadas com uma frequência espantosa e todas as caraterísticas inovadoras da liga contribuem para o seu êxito.

Devemos analisar a Indian Premier League (IPL) como um caso de gestão. Este caso será discutido com referência às áreas funcionais da gestão, nomeadamente a gestão de marketing, a gestão financeira, a gestão da produção e a gestão dos recursos humanos.

É legítimo afirmar que a Indian Premier League (IPL) é o melhor exemplo para aprender a fazer marketing para outros jogos, uma vez que não deixou um único modo de promover e posicionar o produto de serviços para os fãs do críquete. O críquete é uma religião na Índia e a Indian Premier League (IPL) é um Prasad para os adoradores do críquete. Não só na Índia, mas em todo o mundo, o jogo tem sido promovido. Algumas das estratégias de marketing (que são amplamente vistas e transformaram a liga num magnata da revolução empresarial) são as seguintes

1. Leilão das franquias
2. Leilão dos jogadores que participam no torneio Indian Premier League (IPL)

3. Anúncios em vários canais de televisão e rádio
4. Cheerleaders
5. Transmissão mundial
6. Localizações
7. Calendário
8. Celebridades como proprietários de franquias
9. Gala da cerimónia de abertura
10. Concertos ao vivo

O primeiro passo foi dar franquias a alguns grandes nomes da Índia, como Mukesh Ambani, Shahrukh Khan, Vijay Mallya e outros, o que atraiu a atenção do público e ajudou a criar curiosidade.

O Conselho de Controlo do Críquete na Índia (BCCI) não deixou que nenhuma estratégia de marketing fosse por água abaixo, tendo anunciado os montantes para os jogadores pedindo uma proposta a alguns patrocinadores. Jogadores como Sachin Tendulkar, Sourav Ganguly, Mahendra Singh Dhoni e Rahul Dravid pediram uma quantia enorme, o que acabou por dar à Indian Premier League (IPL) um golpe publicitário.

Ninguém pode negar o facto de que as claques são um dos factores mais importantes que influenciam as pessoas a irem ver o jogo.

Os direitos de transmissão foram atribuídos a vários canais de televisão em todo o mundo. Os direitos de transmissão envolvem um montante muito elevado.

A hora selecionada para o jogo é ao fim da tarde, para que as pessoas possam divertir-se depois de uma experiência agitada no escritório.

A rival Indian Cricket League (ICL) foi uma das razões da publicidade e do aparecimento da Indian Premier League (IPL). As pessoas começaram a comparar a Indian Premier League (IPL) e a Indian Cricket League (ICL), o que causou uma enorme publicidade à Indian Premier League (IPL).

As franquias de estrelas de cinema como Shahrukh Khan, Preity Zinta, Juhi Chawla e Shilpa Kundra são o centro de atração. Concertos ao vivo, como um espetáculo de Hariharan antes do jogo entre Chennai e Mumbai.

A Indian Premier League (IPL) é um conceito de produto de venda. A produção da Indian Premier League (IPL) como um produto de serviço é exemplificada pelo mero volume da produção de receitas de todos os aspectos do jogo. As equipas, os jogadores e todos os pequenos aspectos relacionados com a Indian Premier League (IPL) tornaram-se um produto da Indian Premier League (IPL). Factores como a gestão do material para os estádios, os jogadores, as instalações para os jogadores, os espectadores, os convidados, a gestão dos transportes e as actividades conexas exigem uma gestão adequada e a BCCI envidou todos os esforços possíveis para proporcionar as melhores instalações a todos, desde os espectadores aos jogadores.

A decisão de investimento na Indian Premier League (IPL) por parte do Board of Control for Cricket in India (BCCI) é uma decisão financeira ousada que exigiu um planeamento financeiro cuidadoso. O cálculo da rendibilidade do investimento teria dado uma ideia correta do planeamento financeiro. A Primeira Liga Indiana (IPL) arrecadou um enorme volume de dinheiro através de patrocínios às equipas e aos jogadores, direitos de transmissão, faixas e painéis publicitários e outras actividades conexas. Até os pequenos aspectos relacionados com a Indian Premier League (IPL) se tornaram um produto para a Indian Premier League (IPL) e geraram dinheiro. Isto exige a gestão dos fundos que entram e saem, a análise do aumento e da diminuição das receitas efectivas e das receitas previstas. O planeamento dos fundos e a elaboração do orçamento, a atribuição dos fundos aos franqueados e aos jogadores, o pagamento dos salários, etc., são actividades financeiras.

O Conselho de Controlo do Críquete na Índia (BCCI) tem sido uma organização eficaz e eficiente na gestão dos recursos humanos. Os trabalhadores, como os homens de terra, os seguranças, os gestores e outros factores humanos, têm merecido uma atenção especial e têm sido geridos de forma eficaz pelo Conselho de Controlo do Críquete na Índia (BCCI). Ninguém pode negar que a gestão das relações é um aspeto importante no atual cenário empresarial. Não é necessário dar qualquer explicação sobre as relações do Board of Control for Cricket in India (BCCI) com todas as partes envolvidas na Indian Premier League (IPL).

A disciplina e o código de conduta, o envolvimento dos jogadores na promoção do jogo e a governação do Conselho de Controlo do Críquete na Índia (BCCI) dão a impressão de uma cultura organizacional sólida e bem desenvolvida.

O Conselho de Controlo do Críquete na Índia (BCCI) comprou a revolução no mundo do críquete. Outros conselhos de críquete, como o Bangladesh, o Paquistão, o Sri Lanka, etc., estão a planear abrir as suas próprias ligas.

A Indian Premier League (IPL) revolucionou o críquete de uma forma enorme, uma vez que o desporto adoptou o conceito de clubes/franquias e tem tido um grande êxito na promoção do desporto. No entanto, tem sido gerida com grande sucesso e é uma marca mundial graças à excelente qualidade do críquete nos últimos cinco anos.

A Primeira Liga Indiana (IPL) fez passar a indústria do espetáculo por **"MANORANJAN KA BAAP"**

CAPÍTULO 5

RESUMO, CONCLUSÕES E RECOMENDAÇÕES

RESUMO

O objetivo do estudo era destacar o percurso de sucesso da Indian Premier League. O estudo inclui as áreas funcionais da gestão, nomeadamente a gestão de marketing, a gestão financeira, a gestão da produção e a gestão dos recursos humanos.

Os dados foram recolhidos através do método de entrevista. O estudo baseou-se em revistas, jornais, livros, relatórios, periódicos, lembranças e Internet, etc.

CONCLUSÕES

Isto para concluir que o projeto que empreendi foi trabalhado com um esforço sincero. O objetivo era descrever o cenário atual do mercado indiano de críquete com a Indian Premier League.

Graças ao apoio do BCCI, a Indian Premier League está numa posição forte para se estabelecer como um ator importante no mercado indiano do críquete. A IPL tem os melhores jogadores de críquete do mundo a jogar na liga e a reação dos adeptos durante a primeira época foi fenomenal (Modi, IPL will revolutionise the game, 2008). Os gestores das franquias IPL gostariam de reforçar ainda mais a sua posição no mercado indiano de críquete, atraindo mais espectadores para a liga.

A jornada de formato curto da Indian Premier League (IPL) atraiu toda a gente com o seu entretenimento colorido e glamour. A IPL proporcionou uma oportunidade aos jovens jogadores entusiastas de todo o mundo para mostrarem o seu calibre. Para apreciar e desfrutar do seu talento, milhões de fãs partilham a mesa do almoço e do jantar como se fossem membros da família. Num país como a Índia, onde os adeptos são tão apaixonados que consideram o jogo como a sua religião, surgiram alguns problemas que afectaram os verdadeiros sentimentos de milhões de espectadores.

O efeito do IPL na economia indiana é de longo prazo. Durante este curto período de tempo, não podemos ver muito mais efeitos na economia indiana. No entanto, a economia indiana está definitivamente a ser afetada. Cria uma boa impressão na mente das pessoas de todo o mundo de que a Índia também pode organizar um evento tão grande e de que a sua economia é muito estável. Aumenta, sem dúvida, o montante do investimento estrangeiro na Índia. Atualmente, muitas empresas estrangeiras querem investir no mercado indiano. Os investidores estrangeiros querem investir o seu dinheiro na bolsa de valores indiana. O resultado reflecte-se na bolsa de valores. Outro efeito do IPL na economia indiana é o facto de pessoas de todo o mundo ficarem a conhecer a Índia após o IPL.

Alguns dos críticos criticam o IPL. Apesar de haver alguns pontos negativos no IPL, existem muitas vantagens. Assim, olhando para o lado positivo, podemos dizer que o IPL está a tornar-se um evento global. Atualmente, a economia indiana está a crescer a um ritmo acelerado, de tal forma que pessoas de todo o mundo estão agora a olhar para a Índia.

Todo o conceito da liga está a ser encarado como um marco na história do críquete e toda a ideia fez surgir outro conjunto de lealdades paralelas, ou mesmo alternativas - o clube, a cidade - como no futebol profissional. E isto é apenas o início e muito mais está ainda para vir.

RECOMENDAÇÕES

luz das conclusões retiradas, são feitas as seguintes recomendações:

1. Até à data, a Indian Premier League tem-se revelado um trunfo para o críquete e para as outras associações. Deveria haver torneios semelhantes à Indian Premier League noutros desportos, de modo a que os jogadores relacionados com os desportos respeitados tivessem exposição internacional, o que os ajudaria definitivamente a melhorar o seu jogo, pelo que outras associações deveriam realizar este tipo de torneios.

2. É um facto que a Indian Premier League gera uma grande quantidade de receitas que são utilizadas na formação, na investigação e no desenvolvimento, pelo que é óbvio que, se as associações relacionadas com outros jogos para além do críquete realizassem torneios como a Indian Premier League, isso seria sem dúvida benéfico para o desenvolvimento global do desporto.

3. Do total de dinheiro gerado pelo turismo desportivo, o críquete tem a sua maior quota-parte. Torneios como a Indian Premier League promoveriam o turismo desportivo e a geração de dinheiro através dele. O aumento do turismo desportivo está diretamente relacionado com as instalações e os estádios de nível internacional, o que também contribuiria para o processo de desenvolvimento. Através do turismo desportivo, a Índia pode ganhar divisas estrangeiras, o que afecta a economia indiana.

4. A duração é uma questão que se prende tanto com a qualidade do jogo como com a condição física dos jogadores. Se a duração do torneio da Indian Premier League for reduzida para um período de tempo adequado, isso ajudará os jogadores a manterem a forma física e também despertará o interesse dos espectadores.

5. A participação de grandes empresas e de celebridades faz da Indian Premier League uma festa popular entre os espectadores, pelo que outras associações deveriam adotar este tipo de torneio para aumentar o nível de interesse dos espectadores.

APÊNDICE-A

Para,

O Diretor

Escola de Educação Física e Ciências do Desporto de Amity

Universidade de Amity

Noida

Data:

<u>Carta de autorização para se encontrar com os peritos para recolher dados relativos à tese</u>

Respeitada Senhora,

Eu, Shobhit Saxena, estudante do IV Semestre de M.P.Ed, gostaria de vos solicitar uma carta de autorização para obter informações relacionadas com o meu trabalho de tese junto dos peritos associados à Primeira Liga Indiana (IPL), Conselho de Controlo do Críquete na Índia (BCCI). Uma vez que estou a fazer a minha dissertação sobre "Rise of Indian Premier League: Uma história de sucesso", pelo que tenho de os conhecer.

Por conseguinte, peço-lhe que tenha a amabilidade de me fornecer uma carta de autorização para que eu possa concluir o meu trabalho de dissertação o mais rapidamente possível.

Cumprimentos,

(SHOBHIT SAXENA)

M.P.Ed IV Semestre

N.º de inscrição - A3014911008

APÊNDICE-B

Para,

Data:

Sub- <u>Recolha de dados para o trabalho de investigação</u>

Respeitado ....,

Eu, Shobhit Saxena, estou a tirar o Mestrado em Educação Física na Universidade de Amity, Noida, com especialização em gestão do desporto. Estou a fazer a minha dissertação (trabalho de investigação) sobre **"Rise of Indian Premier League: Uma história de sucesso".** Relativamente ao meu trabalho, tenho de recolher alguns dados essenciais para os incorporar no meu trabalho de investigação.

Os dados sob a forma de informação serão utilizados apenas para trabalhos de investigação e serão mantidos confidenciais.

Por isso, peço-vos que tenham a amabilidade de me permitir obter informações para a minha dissertação. Ficar-vos-ia muito grato.

Cumprimentos,

(Shobhit Saxena)   **(Dr. Krishna Kant Sahu)**

Master of Physical Education   **Supervisor**

BIBLIOGRAFIA

Revistas e periódicos

- **Azmat Rasul & Jennifer M. Proffitt (2011) "Bollywood and the Indian Premier League (IPL): The political economy of Bollywood's new blockbuster",** (Asian Journal of Communication Volume 21, Issue 4, .

- **Blakey Paul & Chavan Ravi (2011)** "Twenty20 cricket sport sponsorship management strategies: a comparison between India and the UK" (International Journal of Sport Management and Marketing, Inderscience Publishers, ISSN 1475-8962(Print), 1740- 2808(Online), Volume 9, .

- **Bateman Jerram (2012), "Development through Sport: The Indianisation of Cricket & its potential for development".**

- **Bhattacharya Sonali & Bhattacharya Shubhasheesh (2012), "Auction of players in Indian Premier League: The Strategic Perspective", International Journal of Multidisciplinary** Research, Vol.2, Issue 2, ISSN 22315780.

- **Blakey Paul (2011), "Twenty-20** Cricket Sport Sponsorship management strategies: A **comparision between India & UK", International Journal Sport Management & Marketing,** Vol.9, Nos.1/2.
- **Buhler. Andre (2006) "Professional football sponsorship in the English Premier League and the German Bundesliga" Journal of Plymouth Business School, páginas 54-67.**
- **Devan Pamela (2012)** "Cricket and the global Indian identity", (Modelos de publicação e datas dos artigos explicados Versão do registo publicada pela primeira vez: 17 de dezembro de 2012.
- **Enderwick Peter & Nagar Swati (2010)** "The Indian Premier League and Indian Cricket: Innovation in the face of tradition" (Journal of Sponsorship, ISSN: 1754-1360 (Paper) 17541379 (Online), Issue: Volume 3, Número 2 / fevereiro, 2010)
- **Giulianottin Richard (2011)** Sport Mega Events, Urban Football Carnivals and Securitized Comodification The Case of the English Premier League).
- **Gupta Amit (2004) "The Globalization of Cricket: The Rise of the Non-West" (The** International Journal of the History of Sport, Volume 21, Número 2, 2004.
- **Gupta Amit (2009) "India and the IPL: Cricket's Globalized Empire", (The Round Table:** The Commonwealth Journal of International Affairs, Volume 98, Número 401.
- **Gupta Amit (2011) "The IPL and the Indian domination of global cricket" (Journal of Sport** in Society: Culturas, Comércio, Media, Política, Volume 14, Número 10, 2011.
- **Jayanta Barma & Rathore Singh Rajendar(2010),** "Indian Cricket (B): Financial **Feasibility of Indian Premier League (IPL) Franchisee".**
- **Krotee. L & March & Bucher. A. Charles (2010),** Gestão da Educação Física e do Desporto. New York: McGraw-Hill.
- **Liam J. A. Lenten, Wayne Geerling & Laszlo Konya (2008) "A Hedonic Model of Player Wage Determination From The Indian Premier League Auction", Journal of La Trobe** University, pp.123-131.
- **Mehta Nalin (2009)** Cricket: International and Interdisciplinary Approaches, Batting for the **flag: cricket, television and globalization in India" (Journal of Sport in Society: Culturas,** Comércio, Media, Política, Edição Especial: , Volume 12, Número 4-5, 2009.
- **Mehta Nalin, Gemmell Jon, & Malcolm Dominic (2009) "Bombay Sport Exchange': cricket, globalization and the future".**
- **Mitra Shakya (2010) "The IPL: India's foray into world sports business" (The Journal of** Sport in Society: Culturas, Comércio, Media, Política, Volume 13, Número 9, 2010, DOI: 10.1080/17430437.2010.534294).
- **Peterson. C, Pyne. DB, Portus. MJ, Dawson. B. (2008)** "Analysis of Twenty/20 cricket **performance during the 2008 Indian Premier League", International Journal of Performance** Analysis in Sport, Volume 8, pp. 63-69(7).
- **Rowe David (2009) "Media and Sport: The Cultural Dynamics of Global Games",** (Artigo publicado pela primeira vez online .
- **Shilbury David, Quick Shayne & Funk Daniel(2009) "Strategic Sports Marketing: Sport Management Series", Biblioteca Nacional da Austrália.**
- **Shams Riad M S (2012) "Replicação da gestão empresarial de um mercado estabelecido para um** mercado emergente: An analysis of the Indian Premier League from the Bangladesh market **perspective" (Doi:** 10.5861/ijrsm.2012.v1i1.34, Consortia Academia Publishing, Print ISSN: 2243-7770 Online ISSN: 2243-7789)
- **Singh Sanjeev (2011), "Measuring the performance of teams in the Indian Premier League",** American Journal of operations Research,180-184, DOI:10.423.
- **Sivaraman Vasant (2012) "The Indian Premier League: Reenergising Cricket?",** (Ivey Publishing, Richard Ivey School of Business, Processo 9B12M056).
- **S Rao (2010),** Edinburgh Middle East Report (EMER)
- **Vanessa Ratten (2010)** "Sport-based entrepreneurship: towards a new theory of **entrepreneurship and**

sport management",(International Entrepreneurship and Management Journal.
- **Vig Arun(2008), "Efficiency of Sports Leagues-The** Economic implications of having two **leagues in the Indian Cricket Market".**

<u>Diversos</u>
- **Conselho de Controlo de Críquete na Índia, "IPL: Birth of Cricketainment" (IPL: Nascimento do entretenimento de críquete)**
- **Dalmia Krittivas, "The Indian Premier League: Pay versus Performance".**
- **Mukherjee Arpit, Goswami Ramneet, Goyal M Tanu & Satija Divya,** "Sports retailing **in India: Opportunities, Constraints & Way forward"**
- Comercialização de ofertas desportivas
- **Saikia Hemanta & Bhattacharjee Dibyojyoti, "On classification of** All-rounders of the **Indian Premier League (IPL): A Bayesian Approach".**
- **Saxena Sakhi, Satija Dua Vibha & Jain Shilpa, "Run out on Business Ethics".**
- **Subramanian Vidya, "Cricket in fast lane".**
- **Supriya, "Sports & Competition Policy: A critical study with special reference to cricket in India".**
- **Swartz B. Tim, "Drafts versus Auctions in the Indian Premier League" (Rascunhos versus Leilões na Primeira Liga Indiana).**
- **Vishwanath S R, "Indian Premier League".**
- http://www. SciRP.org/journal/ajor
- http://secondtake.wordpress.com/2008/05/17/how-profitable-is-an-ipl-farnchise/
- http://www.indiantelevision. com/ mam/headlines/y2k12/may/maymam 118. Php
- http://www.slideshare.net/shaileshjoshi19/the-business-side-of-ipl
- http://sports.ndtv.com/cricket/news/item/199597-ipl-pepsi-bags-title-sponsorship-of-indian-   premier-league
- http://www.espncricinfo.com/india/content/story/592291.html
- http://www.khaama.com/in-weekly-wages-indian-premier-league-ipl-among-world-top-2
- http://sports.espn.go.com/espn/news/story?id=6354899
- http://www.sportingintelligence.com/2012/05/01/revealed-the-worlds-best-paid-teams-man-   city-close-in-on-barca-and-real-madrid-010501/
- http://www.cricketoday.in/index.php?option=com_content&view=article&id=5728&catid=   54&Itemid=78
- http://www.sportbusiness.com/news/186689/bcci-doubles-value-of-ipl-title-sponsorship- com-pepsi-deal
- http://businesscasestudies.co.uk/hi-tec-sports/using-promotion-to-position-a   brand/the-   marketing-process.html#axzz2NXBcPBsp
- http:// en.wikipedia. org/wiki/Cricket
- http:// en.wikipedia. org/wiki/T est_cricket
- www.abcofcricket.com/cfb1/cfb5/cfb5.htm
- http://en.wikipedia.org/wiki/One_Day_International
- http://en.wikipedia.org/wiki/Limited_overs_cricket
- http://en.wikipedia.org/wiki/Twenty20
- http://www.topendsports.com/sport/cricket/twenty20.htm
- http://en.wikipedia.org/wiki/Indian_Premier_League
- www.iplt20.com/
- www. espncricinfo. com/indian-premier-league-2012/.../520932. Html
- cals. arizona. edu/pub s/garden/ az1004.pdf
- http://www.iloveindia.com/sports/ipl/ipl-history.html
- http://www.sportsdefinitions.com/cricket/Cricket.html

- http://www.thetwenty20.com/origins-of-twenty20cricket.html
- http://en.wikipedia. org/wiki/Marketing
- http://scholar.google.co.in/
- http:// scholar.google.co. in/ scholar?hl=en&q=indian+premier+league&btnG=&as_sdt= 1%2 C5&as_sdtp=
- http://papers.ssrn.com/sol3/papers.cfm?abstract_id=1354534

Printed by Books on Demand GmbH, Norderstedt / Germany